中药材生产先进实用技术丛书

U0333586

# 人参 病虫害绿色防控技术

◎李 勇 丁万隆 主编

中国农业科学技术出版社

**图书在版编目（CIP）数据**

人参病虫害绿色防控技术 / 李勇，丁万隆主编 .
— 北京：中国农业科学技术出版社，2018.11
ISBN 978-7-5116-3290-6

Ⅰ . ①人… Ⅱ . ①李… ②丁… Ⅲ . ①人参—病虫害防治—
研究 Ⅳ . ① S435.675

中国版本图书馆 CIP 数据核字（2017）第 312457 号

责任编辑　于建慧
责任校对　李向荣

出 版 者　中国农业科学技术出版社
　　　　　北京市中关村南大街 12 号　邮编：100081
电　　话　（010）82109708（编辑室）（010）82109702（发行部）
　　　　　（010）82109709（读者服务部）
传　　真　（010）82106629
网　　址　http : //www.castp.cn
经 销 者　各地新华书店
印 刷 者　北京富泰印刷有限责任公司
开　　本　880mm×1 230mm　1 /32
印　　张　3
字　　数　76 千字
版　　次　2018 年 11 月第 1 版　2018 年 11 月第 1 次印刷
定　　价　25.00 元

# 《人参病虫害绿色防控技术》
## 编委会

主　编　李　勇　丁万隆

**本书出版得到以下资助**

① 国家中医药管理局：中医药行业科研专项

　　——30 项中药材生产实用技术规范化及其适用性研究（201407005）

② 工业和信息化部消费品工业司：2017 年工业转型升级

（中国制造 2025）资金（部门预算）

　　——中药材技术保障公共服务能力建设（招标编号 0714-EMTC-02-00195）

③ 农业农村部：现代农业产业技术体系建设专项资金资助

　　——遗传改良研究室——育种技术与方法（CARS-21）

④ 中国医学科学院：中国医学科学院重大协同创新项目

　　——药用植物资源库（2016-I2M-2-003）

⑤ 中国医学科学院：中国医学科学院医学与健康科技创新工程项目

　　——药用植物病虫害绿色防控技术研究创新团队（2016-I2M-3-017）

⑥ 工业和信息化部消费品工业司：工业和信息化部消费品工业司

中药材生产扶持项目

　　——中药材规范化生产技术服务平台（2011-340）

# 前　言

　　药用植物是中药材栽培体系的核心，同时又是植物病原菌赖以生存的物质基础。药用植物的种类、栽培方式、种植规模、环境因子等直接影响病原菌种群数量及病虫害的发生发展。单一中药材品种大面积栽培，为病菌繁殖提供了理想场所，在环境适宜的情况下，借助风、雨水、昆虫等传播媒介不断向周围寄主扩散，并逐渐上升为优势种群，使得药用植物遭受病虫害侵袭的风险显著增加。另外，栽种中药材品种如果与前茬农作物亲缘关系较近，寄主之间彼此互为桥梁，也易导致中药材病虫害严重发生。

　　病虫害是影响中药材产量及品质的关键因子，同时又是中药材生产环节的棘手问题。目前，中药材病虫害防治主要依赖化学农药，其中不乏国家明令禁止生产、销售或使用的高毒性、长半衰期农药。化学农药的使用，虽然在一定程度上控制了病虫害的发生和发展，保证了中药材产量的相对稳定，但是化学杀菌剂、杀虫剂、除草剂等的滥用带来了严重的生态灾难，中药材产区的土壤、水源、大气等生态环境均受到不同程度污染；中药材频频爆出的农药残留超标问题，严重影响了中药材品质及用药安全，同时也制约了中药材产业的健康发展。

　　将植物有益微生物或具有杀菌活性的代谢产物用于中药材病虫害防治，结合高效低毒农药的使用，在防病治虫的同时，还能有效解决中药材农药残留、重金属超标等问题，是现有化学防控的优选替代方案。但是，中药材病虫害生物防治起步较晚，市售生防菌剂产品种类繁多、质量参差不齐，缺少成熟的使用规范和防治技术，严重制约了生防菌剂在中药材病虫害防治上的应用。本书在对我国中药材病虫害防治现状综合分析的基础上，从生物防治的基本思想、生防微生物的构成、病虫害绿色防控技术体系、微生物菌剂及高效低毒农药的使用原则及注意事项、人参病虫害及其田间防治方法等层面进行了系统阐述。最后，课题组就多年研究成果开发而成的复合微生物菌剂在防治人参、西洋参土传病害上的应用进行了介绍，希望能够为中药材种植户、专业合作社及中药材种植企业开展中药材病虫害绿色防控提供必要的技术参考。

# 目 录

# 第一章　植物病虫害生物防治及生防微生物

　　传统病虫害生物防治学是根据微生物间相互抑制作用，利用有益微生物控制有害微生物，进而达到控制病虫害发生的目的。生物防治是农作物病虫害综合治理的重要内容，在防病治虫与提高农作物质量的同时，有效保护了产区环境，有利于植物病虫害可持续控制，是绿色、环保的防控技术。鉴于中药材大健康产业的蓬勃发展以及民众环境保护意识日益高涨，这为生物防治技术在我国中药材生产领域的应用推广带来了难得的发展机遇，目前已成为中药材病虫害防治过程中的一项重要技术措施。

## 一、病害生防微生物

### （一）生防细菌

#### 1. 假单胞菌属

　　无致病假单胞菌是活跃在植物根际的一类微生物，属 Plant Growth Promoting Rhizobacteria（PGPR）大类，假单胞杆菌属中的一些种，尤其是荧光假单胞菌（*Pseudomonas fluorescens*）大量存在于植物根际或定殖植物根面。假单胞菌的促生长作用机理：一是产生活性物质或改善矿质营养直接促进植物生长；二是产生代谢物质或竞争作用抑制或阻碍根区病原微生物的发展，间接促进植物的生长。其生防作用机理包括：有效的根部定殖、抗生作用、根际营养竞争、诱导植物抗性、分泌降解酶等多种方式，因而成为植物位点和空间微环境的有力竞争者。

### 2. 芽孢杆菌属

芽孢杆菌属是作为生防细菌被广泛研究和商业应用的生防细菌之一。目前，用于植物病虫害防治的芽孢杆菌主要有：枯草芽孢杆菌（*Bacillus subtillis*）、蜡质芽孢杆菌（*Bacillus cereus*）、短小芽孢杆菌（*Bacillus Pumilus*）、地衣芽孢杆菌（*Bacillus pumilus*）等。芽孢杆菌主要通过分泌伊枯草菌素、表面活性素等抑菌活性物质以及几丁质酶、β-1,3 葡聚糖酶等细胞壁降解酶，抑制病菌孢子萌发、芽管伸长、菌丝生长等，进而达到抑菌的效果。

### 3. 放线菌

属于原核生物，大多是好气性腐生菌。放线菌种类繁多，是抗生素等系列生物活性物质的重要生产者。目前，全球报道的抗生素中 70% 以上由放线菌产生，放线菌产生的抗生素类物质，如井冈霉素、武夷霉素、中生菌素等农用抗生素，在农作物病虫害防治过程中发挥了重要作用。土壤及植物根际主要的放线菌是链霉菌属（*Streptomyces*），此外还有诺卡氏菌属（*Nocardia*）、小单孢菌属（*Micromonospora*）、游动放线菌（*Actinoplanes*）等。

## （二）生防真菌

常见的生防真菌有木霉属（*Trichoderma* spp.）、寡雄腐霉（*Pythium oligandrum*）、毛壳菌属（*Chaetomium* spp.）、酵母菌属（*Saccharomyces* spp.）、拟青霉属（*Paecilomyces* spp.）真菌。其中，木霉菌是研究最为深入的生防真菌，由于其具有生长迅速、产孢量大、抑菌谱广、适应能力强、分生孢子耐干旱、盐碱等极端环境、促进植物生长等特点，木霉菌已经是商业化应用最为成功的生防真菌，目前已基于哈茨木霉（*Trichoderma harzianum*）、绿色木霉（*Trichoderma viride*）、多孢木霉（*Trichoderma polysporum*）等开发出多款生防菌剂，在农业病虫害防治过程中发挥了重要作用。

# 二、虫害生防微生物

## （一）生防细菌

### 1. 芽孢杆菌属

苏云金芽孢杆菌（*Bacillus thuringiensis*）能够产生晶体毒素、苏云金素、杀虫蛋白、芽孢等，对鳞翅目、鞘翅目、双翅目害虫有较好的毒杀效果。目前，基于苏云金芽孢杆菌的商品制剂多达100余种，是世界上产量最大、防效最好、应用最为广泛的微生物杀虫剂。据研究报道，除苏云金芽孢杆菌外，芽孢杆菌属的球形芽孢杆菌（*Bacillus sphaericus*）、金龟子乳状病芽孢杆菌（*Bacillus popilliae*）、蜡状芽孢杆菌（*Bacillus cereus*）、侧孢芽孢杆菌（*Bacillus latersporus*）、森田芽孢杆菌（*Bacillus moritai*）、幼虫芽孢杆菌（*Bacillus larvae*）、坚强芽孢杆菌（*Bacillus firmus*）等也有特定的杀虫活性。

### 2. 其他

此外，假单胞菌属（*Pseudmonas* spp.）、赛氏杆菌属（*Serratia* spp.）、链球菌属（*Streptococcus* spp.）、发光杆菌属（*Photobacterium* spp.）、梭状芽胞杆菌属（*Clostridium* spp.）细菌也具有特定的害虫抑制活性。

## （二）生防真菌

### 1. 白僵菌属（*Beauveria*）

是最常见的一类昆虫病原真菌，菌丝体在虫体内生长并穿透昆虫外骨骼在虫体表面形成白色覆盖物，通过消耗虫体营养物质进而起到杀虫效果。白僵菌属真菌寄主范围广，该属至少包含 8 个种，其中研究或应用较为广泛的有球孢白僵菌（*Beauveria bassiana*）和布氏白僵菌（*Beauveria brongniartii*）。球孢白僵菌是害虫生物防治中最重要的种类之一，可以寄生在 149 科的 700 余种昆虫上，已开发出菌物杀虫剂。

**2．绿僵菌属（*Metarhizium*）**

包括：白色绿僵菌（*Metarhizium ablum*）、金龟子绿僵菌（*Metarhizium anisoplae*）和黄绿绿僵菌（*Metarhizium flavoviride*）3 个种。绿僵菌寄生昆虫多达 200 余种，主要是利用金龟子绿僵菌开发真菌杀虫剂防治害虫。从防治规模看，绿僵菌是仅次于白僵菌的杀虫真菌。

**3．拟青霉属（*Paecilomyces*）**

已记载有 16 个种或变种，其中粉质拟青霉（*Paecilomyces farimous*）、玫烟色拟青霉（*Paecilomyces fumosoroseus*）和淡紫拟青霉（*Paecilomyces lilacinus*）研究最为深入。另据研究报道，玫烟色拟青霉对同翅目、鳞翅目、双翅目、鞘翅目、膜翅目、半翅目昆虫均具有较好的杀虫效果。

**4．野村菌属（*Nomuraea*）**

最具代表性的是莱氏野村菌（*Nomuraea rileyi*），其能寄生 40 余种昆虫，尤其对斜纹叶蛾（*Prodenia litura*）、甜菜叶蛾（*Laphygma exigua*）、棉铃虫（*Heliothis armigera*）等夜蛾科害虫的致病力最佳。另外，该菌对鞘翅目、双翅目和半翅目害虫也有一定的寄生能力。

**5．其他**

此外，轮枝孢属（*Verticillium* spp.）、虫霉属（*Entomophthora* spp.）、虫疠霉属（*Pandora* spp.）、虫瘟霉属（*Zoophthora* spp.）、新接霉属（*Neozygites* spp.）真菌也有一定的杀虫潜力。

# 三、线虫生防微生物

植物寄生线虫属于低等无脊椎动物，全世界已报道的线虫有200多属5000余种，其中给农业生产造成严重为害的主要有：根结线虫（*Meloidogyne*）、孢囊线虫（*Heterodera*）、滑刃线虫（*Aphelenchoides*）、松材线虫（*Bursaphelenchus*）、茎线虫（*Ditylenchus*）、粒线虫（*Anguina*）、短体（根腐）线虫（*Pratylenchus*）等。

在线虫生防菌制剂研究过程中，国外最早应用的是用捕食性真菌粗壮节丛孢（*Arthrobotrys robusta*）、不规则节丛孢（*Ditylenchus myceliophagus*）、淡紫拟青霉（*Paecilomyces lilacinus*）开发的商品菌剂（Royal 300®、Royal 350®、BIOACT®WG 等），成功用于蘑菇食菌丝茎线虫（*Ditylenchus myceliophagus*）、香蕉穿孔线虫（*Radopholus similis*）、番茄根结线虫（即）南方根结线虫，*Meloidogyne incognita* Chitwood 等植物线虫病的防治。后来，巴氏杆菌（*Pasteurella*）、洋葱假单胞菌（*Pseudomonas cepacia*）以及抗菌素（如阿维菌素等）、植物提取物（如印楝提取物等）也被用于植物线虫病防治。国内分别用淡紫拟青霉（*Paecilomyces lilacinus*）和厚垣孢轮枝菌（*Verticillium chlamydospora*）研发出豆丰 1 号、线虫必克、灭线灵等菌剂产品，成功用于大豆孢囊线虫、烟草根结线虫病的防治。

# 第二章　中药材病虫害防治现状

土传病害是指生活在土壤中的病原体或者土壤中病株残体中的病菌，从作物根部或茎部侵害而引起的植株病害。土传病原微生物导致的中药材枯萎病、立枯病、猝倒病、根腐病、青枯病、根结线虫病、疫病、锈腐病等常给中药材生产带来重大经济损失。

药用植物病虫害防治是我国中药材生产中最薄弱的环节。随着药用植物栽培面积的逐年扩大、产区面积的不断增加，我国药用植物病虫害发生出现了新情况，病虫害防治过程中暴露出许多问题（如农药残留、重金属超标等），已成为影响我国中药材规模化、国际化、规范化生产的新问题，若不及早解决，将严重影响我国中药材的产量和质量，成为制约我国中药材走向产业化、国际化的重大障碍。

目前，药用植物病虫害防治相关研究及技术推广应用明显滞后于中药材产业发展。因此，应在病虫害种类、发生发展规律和防治技术研究基础上，尽快制定药用植物无公害栽培标准，研究药用植物病虫害无公害防控技术，改变单一使用化学农药和化学肥料的理念。药用植物病虫害防治应进行技术集成，从生态学角度出发，协调应用农业防治、生物防治和物理防治等多种无污染综合防治方法，积极发展和使用生物源、微生物源农药，合理使用符合 GAP 要求的高效、低毒、低残留化学农药，并通过改进施药技术降低农药使用量，建立完善的无公害药用植物病虫害综合防治技术体系，推动绿色中药材产业的健康可持续发展。

# 一、传统病虫害防治中存在的问题

实现中药现代化的关键是提高中药产品的质量和规范化水平，保证用药的安全、有效和稳定。由于野生药用植物资源已无法满足国内中医药产业发展的需求，必须通过对野生药用植物的引种、驯化和栽培，来满足日益增长的中药材需求。随着我国中药材栽培品种、规模及种植面积的不断增加，中药材病虫害问题也日益凸显，已经成为影响中药材规范化生产的重点和难点问题。具有国际竞争力的现代中药的物质基础是优质中药原料，但恰好在这方面过去未引起足够的重视，导致中药材质量在源头上出现了很多问题。

针对中药材病虫害防治，过去主要依赖化学农药。不合理用药造成中药材农药残留超标现象极为普遍，严重影响了我国中药材的国际市场竞争力；同时，化学农药滥用还导致中药材产区土壤、水源和大气环境污染严重，对人畜安全构成潜在风险；其次，化学农药使用过程中，一部分不可避免地被药用植物吸收，在植物体内大量累计导致中药材农药残留及重金属超标严重，上述"问题"中药材经过中药企业或医疗行业，最终将"问题"中药材或"问题"中药产品转嫁给消费者，给公共医疗卫生行业及保健品市场带来严重的安全隐患；再者，化学农药长期超量使用，还易造成病原微生物产生抗药性，加剧了中药材病虫害防治的难度和风险。针对上述问题，一方面要积极研究化学农药在中药材种植过程中的安全使用技术和安全评价方法，建立高效、低毒农药安全使用规范，指导企业、农户合理用药。另外，还要深入研究中药材病虫害无公害防治技术，为优质中药材生产提供技术支撑。

我国中药材病虫害防治研究及应用起步较晚。"七五""八五"期间我国陆续开展了中药材病虫害防治研究工作，初步取得了一些成果。限于当时特定历史条件及生产的迫切需求，许多药材生产过程中高毒、高残留化学农药应用普遍。"九五"、"十五"期间，中药材病虫害防治研究扩展到生物防治、植物源农药、化学农药安全使用等方面，并取得了阶段性成果。"十一五"期间，在完成"十五"国家科技攻关项目"中药材病虫害防治技术平台"基础上，针对我国大宗药材生产全过程中发生普遍、为害严重、难于防治的多发性害虫、蛀茎害虫、土传病害、地下害虫和贮藏期病虫害，开展以生物防治为主的综合防治技术研究，构建中药材病虫害无公害防治共性技术体系，为中药材规范化种植及基地建设提供技术支撑。

目前，除化学防治外，很多农业防治方法，如：轮作、抗病育种以及物理防治方法，如土壤熏蒸、紫外杀菌等，也在药用植物病虫害防治过程中发挥有一定作用。随着社会和经济的发展，食品药品安全和生态环境等问题愈加受到关注，人们对化学药剂的登记、生产、销售和使用越来越严格，高效、低毒、低残留农药以及环境友好的生物防治技术愈发受到关注。

# 二、生物防治技术的优势与不足

生物防治是指利用一种或多种微生物来抑制病原菌生命活力和繁殖能力的方法。生物防治植物病害的途径有：改善土壤理化性质及营养状况促进植物生长，提高植物健康水平，增强寄主植物的抗（耐）病能力；利用生防细菌、真菌、放线菌的抗生作用，及其与病原菌的营养物质、生态位的竞争效应控制病原微生物；诱导寄主植物产生对病原菌的系统抗性。生物防治具有低成本、环境友好和无药物残留等特点，已成为当前国内外防治植物土传病害的重要手段研究热点，并作为化学防治手段的有效补充，具有广阔的应用前景。

虽然国内外学者对于植物土传病害的生物防治研究已经取得了巨大进展，然而土传病害的生物防治仍存在诸多问题，具体表现在：首先，生防微生物资源虽然丰富，但真正能用于中药材生产的菌剂产品不是很多，没有真正与中药材生产形成良性对接；其次，气候、土壤等诸多环境因素，生防制剂的施用时间、操作方式、使用剂量不同，也导致相同菌剂产品经不同人使用后的田间防病效果差异很大。目前，生防菌产业化及其应用还存在很多问题，但随着科学技术的发展，上述问题都将逐渐得以解决。

生防菌的开发和利用，一方面可使农业资源得到充分的利用，另一方面农业微生物广泛使用可以大大减少化学农药使用量，减少环境污染，提高中药材产量和品质，增加中药材国际市场竞争力，为中药材产业结构调整和创汇增收提供新途径。因此，可以预料在不久的将来，生防菌剂将逐渐代替传统的化学农药，在绿色、优质中药材生产过程中发挥重要作用，实现高效益、低成本、环境安全、产品优良的农业生产。

# 第三章　中药材病虫害绿色防控技术体系

坚持"预防为主，综合防治"的植保方针，树立"科学植保、公共植保、绿色植保"理念。以生态调控、生物防治、理化诱控、科学用药等技术防治人参病虫害，严格遵守农药安全间隔期，保障人参农药残留量符合 GAP 规范及《中国药典》相关规定。

遵守国家《植物检疫条例》，加强跨省、跨地区植物检验检疫，凭植物检疫证书方可调入种子、种苗等。禁止未经病虫害检验检疫的种子、种苗等跨区销售、运输，防止病虫害人为携带传播。

## 一、种植基地的选择

种植基地的选择要充分考虑到中药材产区道地性和当地物候特征与中药材生长的吻合度。土壤有机质和矿质元素含量应该能够满足中药材生长的基本需求，氮磷钾含量较高，其他微量元素较全面，土壤中农药、重金属等残留量较低，且具有良好的团粒结构。土壤酸碱度要适中，偏酸偏碱均不利于中药材生长。某些中药材需要选择利于排水的坡地，此时还应注意坡地的走势、坡度等因素。

除此之外，还应当考虑种植中药材与上茬农作物的亲缘关系，以及土壤中化学农药、重金属、除草剂含量是否超出国家规定标准，避免下茬中药材种植后产生类似问题，或是土壤中的除草剂对中药材生长产生不利影响。

### 1.气候条件

非林地人参适宜栽培区应选择位处人参主产区，≥10℃积温范围为1 900~2 800℃·d，年平均气温1.5~7.5℃，年降水量600~1 200mm，无霜期90~150天，年日照时数为2 250~2 500小时。海拔高度100~1 500m。

### 2.土地要求

人参生产基地应选择大气、水源、土壤等无污染的区域。尽可能选择正北、东北、西北或东南方向，保证人参既能充分吸收早晨的阳光，又能避免下午强光直射。土壤有效土深不应低于20cm。土壤碎石含量不应超过35%。尽可能选择没有或是从地表到30~120cm深度无板结层的土壤，选择地势相对平坦的山麓倾斜地（坡度15°~25°）、丘陵地（坡度7°~15°）、低丘陵地（坡度2°~7°）或河床平坦地（坡度0°~2°），不易发生水灾、旱灾、风灾及冻害的地块。前茬以种植禾本科（玉米、麦类等）、豆科（大豆等）以及红薯等作物较为适宜；长期种植白菜、萝卜、辣椒、大蒜、大葱、洋葱、西红柿、烟叶、生姜、牡丹等多肥性作物的土地，由于化肥用量较大及高农药残留，不适宜种植人参。

### 3.土壤理化指标要求

最适合人参栽培的土壤pH值为5.0~6.0，较适合范围为6.0~6.5，pH值不足5.0或高于6.5均不适宜栽参。最适合无机盐浓度为0.5 ds/m以下，0.5~1.0 ds/m较适宜，高于1.0 ds/m不适宜栽参。土壤硝态氮含量在50mg/kg以下最适宜，50~100mg/kg较适宜，100mg/kg以上不适宜。有机物含量在15~35g/kg较适宜。有效磷酸（Av·$P_2O_5$）含量70~300mg/kg较适宜。钾元素含量40~160mg/kg较适宜。钙元素含量400~1 200mg/kg较适宜。镁元素含量200~800mg/kg较适宜。

### 4.外源污染物指标要求

人参产区大气、灌溉水以及土壤中农药（含除草剂）、重金属（铅、汞、铬、砷、镉等）残留量均应符合国家相关限定标准。

# 二、土壤休闲处理

### 1.休闲

一般要求休闲1~2年，长期栽培多肥性作物的土地或新开垦的贫瘠地至少需要休闲2年。

在土地3年休闲期内，第1年种植能大量转化土壤中营养物质的作物，如草高粱、甜高粱、觅草、紫苏、三叶草、玉米或大豆等绿肥作物。待作物收获（草本作物在打籽前采收）后，用水灌溉地块，通过下渗作用把土层中部分可溶性盐分带到深层土壤或淋洗出去，通过排水沟排走。

第二年种植玉米、大豆、紫苏、三叶草等绿肥作物，播种量为玉米3~6kg/亩，点播方式栽种，密度为（15~25）cm×（15~25）cm，每穴2~4kg粒种子；大豆6~7kg/亩，条播方式栽种，行距为30cm，每条10~20粒种子；紫苏1~2kg/亩或三叶草2~6kg/亩，撒播方式栽种。秋季对作物枯萎的地上部位进行粉碎，还田处理，如还田量不足应增加秸秆量；深翻土壤，结合紫外线消毒，使土壤熟化。

第三年自4月中下旬继续翻耕土壤，7月上旬至8月中旬均匀施撒有机肥，以调节土壤营养成分，均衡营养比例，增加有机质、腐植酸类物质，调节土壤微环境。继续对土壤翻耕直至做床，或增加旋耕，以平整翻耕后的地块。

（1）土壤绿色休闲　人参种植前一年或当年4月上旬，作物选择禾本科、觅科、菊科、豆科或十字花科作物。

种植播种量为玉米3~6kg/亩、大豆6~7kg/亩、紫苏1~2kg/亩或三叶草2~6kg/亩。

施用方法：种植绿肥作物当年6—7月，在绿肥的种子尚未成熟时，将地上及地下植株全部翻压至土壤中。施入绿肥作物后，对土地进行翻耕，每次翻地深度要达到15~60cm或45~50cm，临近两次翻耕的方向要形成一定的角度。

一年绿色休闲的改良方法，最大使用量不得超过15t/亩，两年绿色休闲的改良方法，最大使用量不得超过18t/亩。一年休闲需要每隔2~3天翻耕1次，翻耕次数要达到8~15次，或两年休闲需要在第二年继续对其进行翻耕，直至做床前停止翻耕。

（2）土壤黑色休闲

使用条件：非林地土壤有机质含量在3~5级、土壤容重在0.80~1.50g/cm³，最大贮水量在19%~60%的土壤，选用黑色休闲改良方法进行改良。

休闲方法：栽参前一年不种植任何作物，从4月中上旬开始，土壤旋耕后施入粉碎的秸秆（3~20cm段状），每隔2~3天翻耕1次，直至做床前结束翻耕。秸秆施入量要根据土壤有机质含量的级别确定（表1）。土地翻耕深度要达到15~60cm，或45~50cm，相邻两次翻耕的方向要有一定角度。7月上旬，旋耕1~2次后，对改良后土壤进行检测，依据配方施肥原则及农田栽参土壤肥料需求标准，补充腐熟的含有木屑、秸秆或猪粪、鸡粪、羊粪等有机质含量高、含氮量较少的有机肥，也可视情况加入EM菌肥及复合益生菌肥，并继续翻耕；9月中下旬旋耕1~2次后，经土壤消毒，并继续翻耕至做床；全年共翻耕10~15次。

（3）pH值调节　加入石灰或腐殖酸类物质。石灰是在施入有机肥并翻耕1~3次后再施入土壤中，并继续翻耕；腐殖酸类物质可与有机肥一同施入土壤。将土壤pH值调节为5.0~7.0，或适宜范围为5.5~6.0。

**2. 翻耕**

休闲期间每年至少犁地15次以上，深度50~60cm，每次犁地应保证每个地方的土壤都能犁到。要求每隔3天犁地1次。每次犁地不能遗漏死角，以增强紫外线对病菌、虫卵等的灭杀作用而有利于人参正常生长。如果期间出现雨水或降雪时，必须等到土地不泥泞时再开展下一次作业。每次犁地后将直径7~8cm以上石头全部捡出。7~8月高温季节增加犁地频率，充分利用紫外线灭杀土壤中的有害病菌及虫卵。

### 3. 排水系统

排水系统的具体布局要依据非林地人参种植的地块面积来决定。总体来说，一般以10~15亩为1个种植区域，如果所选地块连片，且面积大于15亩，要进行种植区域划分，两个种植区域间要留有作业道，宽度为350~450cm，以便于机械作业。作业道两侧要有排水沟，以便于每个种植区域的外围排水沟相对独立。

用于非林地人参种植的地块，在外围以及作业道两侧要沿着地块挖外围排水沟，种植区域外围的排水沟和作业道两侧的排水沟要相互连接。排水沟深10~150cm，宽10~150cm。在外围排水沟所围起来的种植区域内，根据非林地人参种植的要求做出池床、留出马道沟。马道沟深30~50cm，与池床的高度相对应；宽度即为相邻两个池床间的宽度，上宽为70~90cm，下宽为20~40cm。参床长度33~38m为宜，避免池子过长，造成排水或通风不畅，进而影响人参正常生长。

# 三、播种或移栽

### 1. 种子选择、前处理及播种

选择颗粒饱满、健康度一致、大小整齐人参种子，纯度、净度、生活力、水分、成熟度、百粒重和发芽率等指标均应符合相关标准。播种前用50%的多菌灵500倍稀释液处理，捞出后阴干，再用咯菌睛或适乐时种子包衣，每袋咯菌睛或适乐时（10mL）拌2kg人参种子，为避免待播人参种子湿度过大，应在咯菌睛与人参种子混匀后于阳光下晾晒片刻，适度便可进行播种。播种密度为 25~28 粒/行，行间距 2~6cm，每个种穴播种量为 1~3 粒，播种数量为 520~2 700粒/延米，压播深度为 0.5~5cm。

播种完成后，用 1.4cm×1.4cm 筛子将筛出的细土覆盖到床面上，做到边筛边撒边覆盖，覆土厚度 0.5~1.5cm。覆土后，床面凹凸不平，人工用刮板把参床表面整平。人工用喷雾器喷施噁霉灵。每袋噁霉灵（5g）对水 15kg，对覆土后的参床及马道消毒。打药量为药液浸润池面 1cm 左右为宜。

**2. 种苗选择、前处理及移栽**

选择健康、整齐，且芦、根、须完整的人参种苗。依单根重、支数/500g、主根长 3 项指标，将不同年生参苗分成 2~3 个等级，将人参种苗分等级栽植。人参移栽前用 50% 多菌灵可湿性粉剂 800倍稀释液处理 10 分钟后捞出，阴凉处沥干多余水分后备用。人工或机械开沟，沟深不低于参苗长度，人工将参苗整齐地摆放在沟内，摆放人参种苗时，参须不能弯曲，为避免其下滑，在根部填少量土，然后再启动栽参机完成覆土，盖土深度 2~3cm。覆土后在其表面用平板轻轻拍打，有利于土壤保墒，使人参提早发芽。

根据作货年限确定人参种苗移栽密度，一般作货年限较长时，移栽密度小，作货年限较短时，移栽密度大，以保证出货鲜参产量。畦床横向开沟，斜栽。一年生参苗株行距（6~8）cm×（18~20）cm，二年生参苗株行距（8~10）cm×（18~20）cm，三年生参苗株行距（12~15）cm×（25~30）cm。覆土厚度 6~8cm。移栽结束后，为防止干旱或霜冻，应在苗床上面覆盖稻草、粉碎的玉米秸秆或树叶等，厚度 3~5cm。上面再覆盖塑料膜，用土压好，防止被风刮掉。

**3. 田间管理**

春秋季播种前，深翻土壤，通过紫外消毒降低病菌及虫源数量；根据土壤墒情以及气候特点，及时做好防旱排涝工作。春季积雪融化时，对作业道和排水沟进行清理，化冻后排出桃花水，防止雪水渗入参床。连雨季节，及时清理排水沟，把存水地方疏通好，防止堵塞。及时清除田间杂草，确保苗床通风良好；生长季发现病株后及时清除，并对病穴消毒处理；秋季地上部枯萎后，及时将地上部枯萎枝叶清理干净，集中进行无害化处理。

从春季开始，按照气候变化特点及人参不同生长发育时期的病虫害发生情况，将不同的高效、低毒杀菌剂交替使用。根据种苗生长发育情况适当施肥。主要施用微生物菌肥，并配合施用营养剂。

随着人参生长年限增加，土壤内盐类物质含量也会有所增加，并集结在表层土壤，即人参芦头周围，易导致人参芦头腐烂。因此，在人参生长周期内，应加强人参栽植地的土壤管理，避免或减少上述现象的发生。采取人参床面覆土的措施，可有效降低人参栽培地表层土壤盐分过多积聚，预防病虫害发生。

（1）休闲期土壤消毒　播种前的春季或夏季，旋耕机沿地块最外边缘，以螺旋状向内进行旋耕作业，一般旋耕 1~5 遍。旋地后，扬撒 15% 乐斯本颗粒杀虫剂（吉林力生农化农药有限公司），用药量为 0.5~3kg/ 亩。然后混拌均匀，杀死土壤中的有害微生物、害虫及虫卵。

（2）播种后土壤消毒　播种后的床面及过道，选用预防土传及种传病虫害效果显著的绿色农药（阿米西达、施保克、噁霉灵、灰清、多氧清等）进行消毒，每袋噁霉灵（5g）对水 15~20kg。用机动喷雾器打药作业，用药量以药液润湿池面 2~3cm 为宜。

（3）出苗前土壤消毒　早春人参出苗前，选用绿色广谱性农药噁霉灵进行消毒。每袋噁霉灵（5g）对水 15~20kg，对床面及作业道消毒 1 次，用药量以药液润湿池面 2~4cm 为宜。

（4）生育期消毒　用洒水车将水运到施药地点，现场按特定浓度配制农药，大桶中充分搅拌均匀，机动喷雾器人工喷药，使药液均匀覆盖在地面或叶片上。苗期每隔 6~9 天喷施 1 次，药液浸入地面 1~2cm；营养生长到开花期每隔 7~10 天喷施 1 次，药液均匀覆盖叶片并顺着茎浸入地面 1~2cm；开花期到采摘期每隔 10~15 天喷施 1 次，药液覆盖全部叶片、花、果实；枯萎前期每隔 10~15 天喷施 1 次，药液覆盖全部叶片。

（5）中耕除草　第一次松土在人参苗出土后的 5 月中下旬，之后每隔 20 天左右松土 1 次。当畦面表层出现板结时，适当增加松土次数。松土建议采用手工模式，动作要轻缓，松土深度以 2~4cm 为宜。松土同时进行除草，畦面严禁使用各类除草剂。为减轻田间工作量，参地作业道可以覆盖除草布或是使用高效、低毒和低农残的除草剂进行除草，喷药时需加防护罩，严禁除草剂飘落到参棚的苗床上。

# 第四章　微生物菌剂使用方法及注意事项

　　微生物菌剂是将特定功能微生物与动植物残体（如畜禽粪便、农作物秸秆等）为来源并经无害化处理、腐熟的有机物料复合而成。菌剂含特定功能微生物不低于 2 亿个 /g，施入土壤后遇到适宜条件，其中的固氮菌、解磷菌、解钾菌、生防菌等有益微生物通过几何级数繁殖。每种有益菌相当于一个菌种库，有益菌源源不断地生产出大量的氮、磷、钾及微量元素，达到提高作物产量和品质的目的，还可以消除土壤板结，增加土壤通透气性，改善土壤团粒结构；另外，生防菌株还能抑制土壤中病菌的繁殖和积累，长期使用能为农作物营造持续稳产、高产的土壤环境，使农作物生长健壮，有效减少病虫害的发生。

## 一、微生物菌剂使用方法

### （一）苗床拌土

　　人参采用苗床育苗。育苗前将生物菌肥按照 1∶250~1∶125 的比例拌入育秧土中，充分混匀后堆置 3 天。整理苗床，采用撒播或条播方式育苗。因育苗期间植株较小，对肥力需求不是很大，可适当减少微生物菌剂用量。

## （二）作为基肥使用

有机肥施用前，先将微生物菌肥与有机肥按 1：250~1：125 比例混匀。如果有机肥偏干，应适量喷水保证有机肥湿润，保湿堆腐 3~5 天，中间翻捣 1 次。将发酵后的有机肥与苗床土彻底混匀后用于人参移栽或播种。

如果未与有机肥同时使用，也可按照每亩 8~16 千克用量沟施。用前先将微生物肥与湿润细土按 1：30~1：50 混匀，均匀撒于开沟后的苗床上，移栽或播种后立即覆土，避免长时间阳光下曝晒，以免紫外线杀死微生物菌肥中的有益菌株。

## （三）拌种

先将种子表皮浸湿，倒入适量微生物菌肥拌种，待种子表面均匀黏满菌肥后，在阴凉通风处阴干后播种，立即覆土，防止紫外线杀伤菌肥中的微生物。拌种后不要在阳光下曝晒，也不宜在露天环境下放置时间过长。拌种以每千克人参种子用 100~200g 菌肥为宜。

## （四）蘸根

人参苗移栽前，先将人参根用水浸湿，按每百棵人参种苗 400~600g 用量，让人参根充分与微生物菌肥接触，待人参根部粘满生物菌肥剂后移栽，移栽完后，将剩余菌剂与一定量的细土混匀后撒于沟内，立即覆土。

## （五）灌根

在处理田间病株时，除用生石灰消毒外，也可用微生物菌剂灌根消毒。每千克生物菌肥对水 200~300kg，配成菌肥溶液。清除发病株后，将适量菌肥溶液注入坑内，表面覆土。

### （六）喷施

微生物菌肥除土壤杀菌固体菌肥外，还有液体肥，主要是用于叶面追肥和地上部病虫害的防治。用水将液体菌肥稀释 2 000 倍，用手动或机动喷雾器将菌液均匀喷施在人参叶片正反面、人参茎杆和果实上。整个生育期中，根据人参生长及发病情况，结合作物营养临界期和最大效应期喷施 2~3 次。喷施时间最好选择阴天或是傍晚。土壤施用与喷施相结合，能起到明显的增产和防病效果。

## 二、注意事项

### （一）菌剂有效期

生物菌肥保苗杀菌的关键是产品中富含多种有益微生物，通过分解活化土壤中的矿质元素，为植物供给充足的养分，确保植物健康生长；另外，菌肥中的生防菌株在土壤中大量定殖，当微生物活菌数量达到特定浓度后，能够抑制土传病菌的繁殖和积累，进而发挥其杀菌作用，保证防病增产效果。生物菌肥产品超过有效期后，活体微生物数量下降，菌肥的施用效果将会显著降低。

### （二）菌剂使用方法

生物肥料在保管、使用等诸多环节都应尽量避免阳光直接照射或暴露在高温干燥环境下，防止紫外线的杀菌作用和高温导致的菌种失活。用菌肥拌种或蘸根时，加水要适量，水过多或过少均不利于生物肥料黏附。

### （三）菌剂存放条件

微生物有机肥适宜贮存温度为 4~10℃，最高不超过 20℃。因此，没有低温贮存条件时，建议随用随购，保证产品质量。

# 第五章 药剂使用原则及注意事项

在中药材病虫害防治过程中，坚持科学用药原则，允许搭配使用高效、低毒、低残留、环境友好型化学农药。部分推荐高效、低毒、低残留农药品种和禁止使用农药见附录。

## 一、使用原则

按照"以菌治菌"的方法，使用芽孢杆菌、生防木霉等微生物农药处理农田土壤，通过微生物之间的颉颃作用抑制土壤中致病菌的大量繁殖和累计，降低病虫害发生的风险和为害等级。化学农药的使用原则以"使用最有效的药剂，最低剂量、最少使用次数，最简便使用方法，取得最佳防治效果"为原则，在中药材病虫害的有效防控的前提下，将中药材农药残留、重金属等降低到安全阈值以下。

### （一）对症用药

根据防治对象、病虫害发生时期、药剂的适应性选用药剂品种及剂型。

### （二）正确施药

根据防治靶标及其发生规律不同，采用适宜的施药方法，如种苗处理、土壤处理、植株喷粉喷雾等。

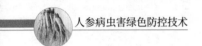

### （三）适期施药

按照病虫害发生规律，病菌侵染或害虫为害传播的时期确定喷药时期。一般保护剂在病菌侵入之前使用，内吸治疗剂在发病初期使用。

## 二、注意事项

### （一）施药浓度

按照病虫害发生发展时期及为害程度，参照药剂使用说明，确定施药浓度，不得随意扩大药剂的使用范围和随意提高用量、浓度或改变使用方法。

人参为阴生作物，本身对农药具有很强的敏感性。要参照农药使用说明书降低浓度施用。施药浓度应根据人参年生以及人参生长发育期不同灵活调整。一年生人参施用农药浓度按农药使用说明书浓度要求的30%~50%调配，二年生人参为50%~70%，三年生人参为70%~90%，四年生人参为70%~90%，五年生人参为60%~80%，六年生人参为30%~50%。

施药浓度按照人参不同生长发育期，对农药进行配比浓度的调配；早春出苗前对参床及作业道进行消毒按农药使用说明书要求进行喷施，苗期施用浓度为农药使用说明书浓度要求的50%~70%调配，营养生长到开花期为70%~90%，开花期到果实采摘期60%~80%，枯萎前按55%~75%调配。

### （二）施药次数和间隔期

要综合分析气候条件、病虫害潜育期、害虫发生的代数、药剂残效期及允许最大残留限量来确定施药次数和间隔期。不允许重复喷药或短期内重复使用有效成分相同或相近的药剂。

## （三）药剂的合理混用

农药混用的原则是混用的农药彼此不能产生化学反应，以免分解失效；混用后不影响药剂的化学性质；不破坏原有制剂良好的物理性状；混用后的药液不应增加对人、畜的毒性；混用后药效下降或药害加重不能混用。药剂混用时应减少持效期长的农药品种用量，杜绝混合使用有效成分类型相同或相近的药剂。

## （四）施药质量

避免在夏季高温（30℃以上）、强烈阳光直射、相对湿度低于50%、风速大于3级（大于5m/s）、雨天或露水过大时施药。施药时要做到均匀、周到、药液量充足，雾滴要细。保护性杀菌剂，必须在侵染部位形成完整的一层药膜。药剂定喷到发病部位，种子处理剂定要包衣均匀。

## （五）药剂的选择

国内外目前缺少人参专用农药，人参病虫害防治应购买已登记和权威部门检验合格的农药，检测的各项指标均应符合国家安全农药使用标准。尽量选用高效、低毒、低残留的农药；严格按规定的使用浓度和安全间隔期施药；合理轮换使用不同类型的农药，以减少单一类型农药在一个生长季节的使用量；尽量使用生物农药替代化学农药。

根据人参病虫害发生规律选择农药，遵循人参病虫害发病规律有针对性地开展病虫害防治。

# 第六章　人参病虫害及其田间防治

人参（*Panax ginseng* C. A. Meyer）为五加科多年生草本植物，以根、茎、叶及果实入药，我国主产于吉林、辽宁、黑龙江三省。现代医学证明，人参能加强新陈代谢，调节生理机能，提高免疫能力，对恢复体质和保持机体健康作用明显，对治疗糖尿病、心血管疾病、胃和肝脏疾病及神经衰弱等疗效较好，且具有抗衰老、抗疲劳、抗辐射损伤、抑制肿瘤生长以及提高生物机体免疫力等作用。

人参为多年生药用植物，漫长的生长过程导致人参病虫害多发频发，其中，为害较重的侵染性病虫害主要有人参锈腐病、人参立枯病、人参猝倒病、人参黑斑病、人参菌核病、人参疫病、人参根腐病、人参灰霉病、根结线虫病等。上述病虫害的发病时期、侵染部位、为害特征等各有异同，不同病虫害常常交织在一起，导致人参病虫害防控难度较大。另外，非侵染性病虫害主要有红皮病、日灼病、冻害、烧须、生理性花叶病等，其中，红皮病在某些地方发生严重。近年来，受极端气候的异常影响，人参冻害发生频繁，常造成人参、西洋参绝收。上述病虫害严重发生时，常常给人参产业带来难以挽回的经济损失。

由于以往在中药材病虫害防治上过度依赖化学药剂而给有益生物、环境以至人类自身所带来的负面影响和为害已受到各界人士的认识和关注。随着经济的发展，社会的进步，人们对健康和生活质量的要求逐渐提高。无污染、安全、优质、营养的"绿色食品"，受到国内外市场的青睐。源于"绿色食品"的思路，1993 年，由中国医

学科学院肖培根院士和樊瑛教授率先在《中国中医药报》上撰文提出
"建议参考我国绿色食品的要求，在条件成熟时，开发我国 21 世纪
的优质中药材——绿色中药材"。此后，我国中药行业已逐步对绿色
中药材的研究和开发予以接受和有序开展。绿色中药材的生产和基
地建立已成为中药材现代化的重要内容。为此，在中药材病虫害防
治中必须注意防止和减少污染，使中药材生产符合绿色中药材的要
求。借鉴农业病虫害绿色防控理念，充分发挥生态系统中有利因素
的协同作用，合理协调运用必要措施，将有害生物的为害控制在经
济阈值以下，以获得最佳经济、生态和社会效益。坚持"科学布局，
预防为主，综合防控"的中药材病虫害防治总体方针，逐步建立一
整套中药材病虫害绿色防控技术体系，是保证中药材产量稳定、质
量可靠的根本。

# 一、苗期猝倒病

　　猝倒病也是人参苗期常见多发病之一，严重时可造成参苗成片
死亡。发病初期，在近地面处幼茎基部出现水浸状暗色病斑，扩展
很快，发病部位收缩变软，最后植株倒伏死亡。若参床湿度大，在
病部表面常常出现一层灰白色霉状物。

　　病原为德巴利腐霉（*Pythium debaryanum* Hesse），鞭毛菌亚
门卵菌纲霜霉目腐霉科腐霉属
真菌。在 PDA 培养基上菌丝体
白色绵状，繁茂，菌丝较细，有
分枝无隔膜，直径 2 ~6μm。孢
子囊顶生或间生，球形至近
球形，或不规则裂片状，直径
15~25μm。成熟后一般不脱落，

**人参苗期猝倒病**

有时具微小乳突，无色，表面光滑，内含物颗粒状，直径 19~23μm。萌发时产生逸管，顶端膨大成泡囊，孢子囊的全部内含物通过逸管转移到泡囊内，不久，在泡囊内形成游动孢子，数目有 30~38 个，泡囊破裂后，散出游动孢子，游动孢子肾形，无色，大小为（4~10）μm×（2~5）μm，侧生 2 根鞭毛，游动不久便休止。卵孢子球形，淡黄色，1 个藏卵器内含 1 个卵孢子，表面光滑，直径 10~22μm。

病原菌的腐生性极强，可在土壤中长期存活，在有机质含量丰富的土壤中，腐霉菌的存活量大。病菌一经侵入寄主，即在皮层的薄壁细胞组织中很快发展，蔓延到细胞内和细胞间，在病组织上产生孢子囊释放游动孢子，进行重复侵染。后期又在病组织内形成卵孢子越冬。在土壤中越冬的卵孢子能存活 1 年以上。病菌主要通过风、雨和流水传播。腐霉菌侵染的最适温度为 15~16℃。在低温、高湿、土壤通气不良，苗床植株过密的情况下，对植株生长发育不利，却有利于病原菌的生长繁殖及侵染。另外，参地透水性差，易积水的情况下，亦利于病虫害的发生。

**防治技术**

（1）加强田间管理　保持参床排水良好，通风透气，土壤疏松，避免湿度过大。防止参棚漏雨。发现病株立即拔除，并在病区浇灌 500 倍硫酸铜溶液，或 100 倍的福尔马林溶液。

（2）播种前土壤处理　结合倒土、做床，将杀菌剂按特定用量与苗床土混匀。

（3）床面消毒　1~3 年生人参出苗前，结合立枯病防治，施用上述药剂 1 次。

（4）出苗后消毒　人参出苗后如果天气晴朗，苗床未发现明显发病迹象，可不用药。如遇连续低温多雨天气，苗床管理不善等情况，可于人参发病初期用药 1 次，用药种类及剂量见表 1。

表1　防治苗期猝倒病的药剂

| 有效成分及剂型 | 用量（L/hm²） | 使用方法 | 使用次数（次） |
|---|---|---|---|
| 72.2% 霜霉威 AS | 20 | 泼浇 | 1~2 |
| 30% 甲霜噁霉灵 AS | 15 | 泼浇 | 1~2 |
| 68% 精甲霜灵 WG | 15 | 泼浇 | 1~2 |

# 二、立枯病

又称"折腰病"，是人参苗期主要病虫害之一，该病虫害发生普遍，分布广泛。一般植株被害率在20%以上，严重的地块可达50%，造成参苗成片死亡，损失较大。立枯病主要发生在人参幼苗茎基部，距土表3~6cm的干湿土交界处。发病初期，茎基部呈现黄褐色的凹陷长斑，被害组织逐渐腐烂、缢缩。严重时，病斑深入茎内，环绕整个茎基部，破坏输导组织，致使幼苗倒状、枯萎死亡。出土前遭受侵染小苗不能出土，幼芽在土中即烂掉。在田间，中心病株出现后，迅速向四周蔓延，幼苗成片死亡。病部及周围土壤常见有菌丝体。

病原为立枯丝核菌（*Rhizoctonia solani* kühn），半知菌亚门丝孢纲无孢目丝核菌属真菌。在 PDA 培养基上，菌落初淡灰色，后褐色。菌丝有隔，直径8~12μm，分枝呈直角，分枝处缢缩，离分枝处不远有1个隔膜，以后菌丝变为淡褐色，分枝与隔膜增多。可形成形状不规则的菌核，直径1~3mm，褐色，常数个菌核以菌

人参立枯病

丝相连，菌核表面菌丝细胞较短，切面呈薄壁组织状。该病菌不产生分生孢子。病菌以菌丝体或菌核在土壤中的病残体越冬，翌春温度适宜时萌发并侵染植株，逐渐向四周蔓延。

在土壤温度为 12~16℃，湿度在 28%~32% 的条件下，立枯病最易发生。天气高温干燥，土温 16℃ 以上，湿度 20% 以下，病菌便停止活动。该菌可在土壤中存活 2~3 年，在低温条件下极易发生。为害处颜色变浅，呈黄褐色，染病部位组织软化失水变细，产生缢缩症状，有的萎蔫倒伏，有的立枯而死。同时，大部分幼苗开始腐烂。早春雨雪交加，冻、化交替，常导致立枯病大流行。过厚的覆盖物在保持土壤湿度的同时，早春影响土壤温度的增加，造成出苗缓慢，而有利于病原菌的侵染。

**防治技术**

（1）种子、种苗处理　播种前 3~5 天，用咯菌腈 25g/L 悬浮剂按 100kg 种子 400mL 药剂比例，用水将药剂稀释 5~10 倍后拌种，适当阴干即可播种。人参种苗（包括越冬芽）用咯菌腈 25g/L 悬浮剂 100~200 倍液浸根 5 分钟，或是用 50% 多菌灵可湿性粉剂 400 倍液或 70% 代森锌可湿性粉剂 500 倍液浸根 10 分钟，捞出阴干后移栽。

（2）土壤处理　结合倒土，做床，将杀菌剂按特定比例与苗床土混匀。

表 2　防治立枯病药剂的使用剂量及方法

| 有效成分及剂型 | 用量（kg/hm$^2$） | 使用方法 | 使用次数（次） |
|---|---|---|---|
| 96% 噁霉灵 TC | 10 | 泼浇 | 1~2 |
| 30% 甲霜噁霉灵 SC | 15 | 泼浇 | 1~2 |
| 50% 福美双噁霉灵 WP | 20 | 泼浇 | 1~2 |

（3）苗床消毒　去除防寒物后，可用表 2 药剂对 1~2 年生床面

泼浇消毒。

（4）发病初期消毒　用75%敌克松可湿性粉剂1 000~1 500倍液，叶面及茎基部喷洒，每7~10天用药1次。对于发病严重的地块，用50%多菌灵可湿性粉剂、10%双效灵水剂200~300倍液浇灌床面，以渗入土层3~5cm为宜。

（5）病株处理　发现病株立即拔掉。必要时用50%多菌灵可湿性粉剂250~500倍液、40%立枯灵200倍液浇灌病穴，防止蔓延。

（6）加强栽培管理　选择土质肥沃、疏松通气的土壤，最好是砂壤土做苗床，要做高床，以防积水，并注意雨季排水。出苗后勤松土，以提高土温，使土壤疏松，通气良好。覆盖物不宜过厚。

# 三、黑斑病

又称"斑点病"，黑斑病是人参地上部为害最严重，发生最普遍，损失较大的病虫害之一。黑斑病以叶片发病居多，也可为害整株人参。常造成人参减产，种子绝收。条件适宜情况下，黑斑病发病迅速，可在短时间内传遍参园。发病率在20%~30%，严重时可达80%以上。造成早期落叶，致使参籽、参根的产量低、品质差。

人参黑斑病一般6月初开始发生，6月中旬至7月下旬发病严重，8月下旬基本停止。多雨季节，空气湿度较大的天气，该病极易流行。病菌最适宜温度为18~25℃。该病主要发生在叶部，也可为害茎、花梗、果实等。被害叶片初期出现近圆形或不规则的水浸状斑点，逐渐扩大呈暗褐色大斑，后期斑点中部变黄褐色，干枯易破裂。病斑逐渐扩展

人参黑斑病

至整个叶片，使叶片枯死。茎上叶斑初期椭圆形，黄褐色，后上下伸展，中间凹陷变黑，其上生有黑色霉状物，茎干倒伏。果实受害时，表面产生褐色斑点，果实干瘪。

病原为人参链格孢（*Alternaria panax* Whetz.），半知菌亚门丝孢纲丝孢目链格孢属真菌。分生孢子梗 2~16 根束生，褐色，顶端色淡，基部细胞稍大，不分枝，直或稍具 1 个膝状节，1~5 个隔膜，大小为（16~64）μm×（3~5）μm。分生孢子单生或串生，长椭圆形或倒棍棒形，黄褐色，有横竖隔膜，隔膜处稍有隘缩，顶部具稍短至细长的喙，色淡。该病菌主要侵染西洋参及五加科植物。

病原菌以菌丝体和分生孢子在病残体、参籽、宿根、参棚及土壤中越冬。在东北，5 月中旬至 6 月上旬开始发病，7—8 月发展迅速。病斑上形成的大量分生孢子可借风雨、气流飞散，在生育期内反复地引起再侵染，直至 9 月上旬。降水量和空气湿度是人参黑斑病发生发展和流行的关键因素。根据多年的调查分析，已初步明确了预测黑斑病流行的气象指数：当田间平均气温达 15℃，如果连续两天降雨，降水量在 10mm 以上，相对湿度在 65% 以上时，5~10 天后参棚将出现首批病斑。田间平均气温在 15℃ 以上，6 月中旬降水量在 40mm 以上；7—8 月平均气温在 15~22℃，降水量 130mm 以上，当年病虫害发生严重。7 月中旬，田间病情指数达到 25~40，旬降水量超过 80mm，相对湿度在 85% 以上，平均气温 15~25℃，病虫害将大流行。

**防治技术**

（1）种子（苗）消毒　播种前用咯菌腈 25g/L 悬浮剂 5~20 倍液、多抗霉素 200mg/kg 或 50% 代森锰锌可湿性粉剂 1 000 倍液浸泡 24 小时，或按种子重量的 0.2%~0.5% 拌种均匀拌种，对已经发根的种子建议采用浸种方式，尽量减少翻拌次数，不要折断幼根。种苗移栽前，人参苗用咯菌腈悬浮剂 25g/L 200 倍液、多抗霉素 200mg/kg 或 50% 扑海因可湿性粉剂 400 倍液浸泡 1 小时，捞出沥干至不染手即可移栽。

（2）床面消毒　将苗床枯萎茎叶清除干净，出苗前对易发病地块喷施 50% 菌核净 WP 500 倍液。

（3）田间防治　春季人参出苗 30%~50% 时，按照 20g/ 亩喷施嘧菌酯 250g/L（阿米西达）或 50% 嘧菌酯水分散发剂（翠贝）。7~10 天喷 1 次，连喷 2 次，注意交替用药。叶片完全展开期，按照 30g/ 亩用量喷施 10% 苯醚甲环唑水分散发剂（世高）或 50% 抑菌脲可湿性粉剂（扑海因）1~2 次。开花及坐果期喷施 1.5% 多抗霉素可湿性粉剂 30g/ 亩（1 亩 ≈ 667m$^2$，全书同），或 3% 中生菌素可湿性粉剂 50~75g/ 亩或 50% 腐霉利 60g/ 亩 1~2 次。掐花后用 50% 菌核净可湿性粉剂和 80% 代森锰锌可湿性粉剂 60g/ 亩混合喷施或 1.5% 多抗霉素可湿性粉剂 30g/ 亩喷施 1 次。雨季选择 25% 丙环唑乳油（斑绝）20g/ 亩或 40% 氟硅唑乳油 5g/ 亩或 76% 丙森霜脲氰可湿性粉剂 20g/ 亩，交替用药 2~3 次。以上药剂每生长周期使用不超过 2 次。

（4）加强田间管理　保持棚内良好的通风条件，夏季减少光照。做好秋季参园清理工作，将带菌的床面覆盖物，清除烧毁，防止再次感染。春、秋季畦面以 0.3% 硫酸铜或高锰酸钾进行消毒。施肥时注意氮、磷、钾的比例，可适当提高磷、钾肥的比例，控制氮肥，特别是铵态氮肥的施入。

# 四、灰霉病

人参灰霉菌为害叶片、叶柄、茎秆和果实。开始从叶尖或叶边缘开始侵染，初呈不规则水浸状、褐色斑点，病斑扩展迅速，青褐色至灰褐色，向内扩展为深浅相间的轮纹，病斑较大。病健交界明显，潮湿时叶片正反面均形成灰色霉层。茎部首先出现水浸状小点，逐渐扩展为浅褐色，长圆形或不规则形，严重时病部上茎叶枯死，产生大量霉层；柱头或花瓣被侵染后，向果实或果柄扩展，致使茎

**人参灰霉病**

叶萎缩枯死。受害果实不能成熟产籽。

人参灰霉病病原为灰葡萄孢菌（*Botritis cineria*）。在 PDA 培养基上，菌落初淡白色，后呈灰色，7~14 天产生菌核。菌丝透明，宽度变化不大，直径 5~6μm。分生孢子梗不分枝或分枝群生，有隔膜，梗全长 317~940μm，直径 8.5~12.3μm。分生孢子丛生于孢梗或小梗顶端，倒卵形、球形、或椭圆形，光滑，近无色，大小为（8.4~15.8）μm×（6.3~12.6）μm。

病菌主要以菌丝体在病残体和土壤中越冬。翌年病菌孢子或菌丝萌发经伤口或直接浸染幼茎，形成大量分生孢子传播到地上部浸染茎叶。掐花感病及风雨淋溅、农事操作是病虫害传播的主要途径。在人参生育期内，可进行多次再浸染，蔓延迅速。持续低温多雨，湿度过大，是病虫害发生和流行的适宜条件。在东北 6 月中旬至 8 月中旬均为发病盛期。

**防治技术**

1~2 年生苗床，遇持续低温多雨季节，用表 3 所列药剂中的一种喷施 2~3 次。3~6 年生苗床，非留籽田掐花后立即用药 1~2 次，留籽田待花枯萎后用药 1 次。如遇低温多雨天气，应连续用药 2~3 次，每次用药间隔 7 天，注意交替用药。以上每种药剂在一个人参生长周期使用不超过 2 次。

表 3　灰霉病防治药剂

| 有效成分及剂型 | 用量（kg/hm²） | 使用方法 |
| --- | --- | --- |
| 50% 咯菌腈 WP | 0.565 | 喷雾 |
| 40% 嘧霉胺 SC | 0.565 | 喷雾 |

（续表）

| 有效成分及剂型 | 用量（kg/hm²） | 使用方法 |
|---|---|---|
| 50% 嘧菌环胺 WG | 0.45 | 喷雾 |
| 50% 抑菌脲 WP | 0.45 | 喷雾 |
| 50% 菌核净 WP | 0.565 | 喷雾 |
| 25% 丙环唑 EC | 0.45 | 喷雾 |
| 300 亿 /g 蜡质芽孢杆菌 WP | 1.5~2.25 | 喷雾 |
| 0.5% 小檗碱 AS | 1.5~3.0 | 喷雾 |

# 五、疫病

又称湿腐病，是人参成株期的严重病虫害之一，每年都有不同程度发生，严重时会造成大面积减产。在我国东北地区、山东和北京等省（市）的人参主产区普遍发生。一般植株被害率在10%~20%，严重的可达50%以上。该病多为害4~6年人参。该病容易在高温高湿的7—8月发生，高温连雨天气发病极为猖獗。叶片受害后出现水渍状暗绿色大斑，发病的茎和叶柄呈暗绿色凹陷长斑。根部染病后，逐渐软化腐烂，呈黄褐色，有腥臭味，根内可见黄褐色花纹，根皮容易剥离。病株叶片似被开水烫过而凋萎下垂，最终整株枯萎死亡。

主要为害叶片、叶柄、茎和参根，在整个生育期内均有发生。发病初期，叶上病斑呈水浸状，暗绿色，不规则形，发展很快，能使全部复叶枯萎下垂，参农俗称"搭拉手巾"。空气湿度大时，病部出现黄白色霉层。叶柄被害后呈水浸状，软腐，凋萎下垂，参农称之为"吊死鬼"。茎上发病后，水浸状暗色的长条斑很快腐烂，使茎软化倒伏。根部感病，初为黄褐色湿腐状，表皮极易剥离，根肉呈黄褐色。腐烂的参根常伴有细菌、镰刀菌的复合侵染，还有大量的

人参疫病

腐生线虫。烂根具有特殊的腥臭味。后期，外皮常有白色菌丝围绕，菌丝间夹带着土粒。

病原为恶疫霉[*Phytophthora cactorum*（Leb. et Cohn.）Schroet.]，鞭毛菌亚门、卵菌纲、霜霜目、霜霉科、疫霉属真菌。菌丝体白色、绵状、菌丝有分枝、无隔膜、无色。游动孢子囊梗无色，无隔膜，无分枝或有分枝，宽 4~5μm，上生一个卵形或梨形的游动孢子囊，无色，顶端具明显的乳头状突起，大小为（32~54）μm×（19~30）μm，长宽比小于 1.6。孢子囊萌发后可释放游动孢子。有性阶段产生球形，黄褐色的卵孢子，直径 23~33μm，表面光滑。

病菌菌丝体和孢子囊不能在土壤中越冬，但卵孢子可在土壤中存活 4 年，是主要的初侵染源。其次，菌丝体可在病残体上越冬。翌年条件合适时，卵孢子形成孢子囊直接萌发长出芽管及附着胞，产生侵入丝由叶片气孔侵入叶片组织，相当分生孢子的作用，也可萌发释放游动孢子直接侵染参根、叶或叶腋，为再侵染的主要繁殖体。完成上述过程需要有水滴存在。疫病主要靠风、雨及农事操作传播，根腐型主要靠接触传播。在东北6月开始发病，7月中旬至8月中旬为发病盛期。温、湿度是疫病发生的主要因素，当气温20℃以上，相对湿度80%以上，土壤湿度50%以上有利于发病。如连续降雨，湿度大，土壤板结，植株过密，通风透光不良，疫病会大发生。

**防治技术**

（1）严防参棚漏雨，注意排水，保持床内水分适度。

（2）加强田间管理　保持合适的密度，使床内通风透光良好，及时拔除杂草，松土降湿。搞好田园卫生，不使用未腐熟的肥料，秋季将植株残体、覆盖物清除干净。

（3）消除发病中心　拔除病株要移至苗床外销毁，病穴用生石灰或1%硫酸铜溶液封闭消毒。

（4）苗床消毒　早春人参未出土前，用68%精甲霜灵WG 500倍液均匀喷施床面，借雨水渗入地下。

（5）苗期消毒　出苗展叶期用72%霜脲锰锌或68%精甲霜灵500倍液喷施1~2次。雨季用表4药剂喷施1~2次。如遇发病情况，及时摘除病叶，立即用表4药剂喷施2~3次，每次用药间隔5~7天，注意交替用药。

**表4　疫病防治药剂**

| 有效成分及剂型 | 用量（g/hm²） | 使用方法 |
| --- | --- | --- |
| 68%精甲霜灵WG | 900 | 喷雾 |
| 40%恶霜灵WP | 900 | 喷雾 |
| 60%氟吗啉代森锰锌WP | 900 | 喷雾 |
| 65%二氰蒽醌代森锰锌WP | 900 | 喷雾 |
| 69%安克锰锌WP | 900 | 喷雾 |
| 1×10⁶孢子/克寡雄腐霉WP | 100~300 | 喷雾 |

# 六、白粉病

人参果实受害最重，其次为嫩茎和叶片。幼嫩果实染病，病斑上产生白粉状分生孢子，后枯死脱落。绿果、红果发病后，初呈乳白色褪绿斑，表面逐渐产生白粉，先僵化后变黑枯死，不能成熟。果柄受害后，皱缩畸形，最后枯死，果实脱落。叶片受害后，先出现少量淡黄色不规则斑点，后出现白粉状物，即病原的分生孢子梗和分生孢子，多年观察未见产生闭囊壳。后期在病部产生黑色点状物，即闭囊壳。

**人参白粉病**

人参白粉病病原为人参白粉菌（*Erysiphe panax* Bai et Wang），属子囊菌亚门、核菌纲、白粉菌目、白粉菌属真菌。闭囊壳散生或聚生，暗褐色，扁球形，直径为 97.5~137.5μm。附属丝在同一闭囊壳上长短不齐，长 41.3~195μm。子囊 4~6 个，多数 4 个，椭圆形至广卵形，（60.8~70.3）μm×（35.3~74.3）μm。子囊孢子 4~6 个，多数 4 个，卵形、椭圆形至广卵形，（19.8~30.3）μm×（13.8~17.5）μm。无性阶段分生孢子圆桶状至近柱状，（32.5~52.5）μm×（12.5~17.5）μm。

一般在 6 月开始发生，7—8 月蔓延较快，9 月下旬停止发展。山坡地、干旱地块的发病较多，采种田发病较多。

**防治技术**

视发病情况喷施表 5 中的药剂 1~2 次，间隔 7~10 天，注意药剂轮换使用。

表5　　防治白粉病药剂

| 有效成分及剂型 | 用量（g/hm$^2$） | 使用方法 |
|---|---|---|
| 40% 氟硅唑 EC | 75~100 | 喷雾 |
| 50% 嘧菌酯 WG | 90~150 | 喷雾 |
| 30% 氟菌唑 WP | 150~300 | 喷雾 |
| 25% 丙环唑 EC | 300~450 | 喷雾 |
| 10% 苯醚甲环唑 WG | 450 | 喷雾 |

# 七、菌核病

菌核病菌主要为害4年以上人参根部，幼苗很少受害。该病发生不普遍，可一旦发生，受害也是很严重的。发病率一般在8%~15%，严重可达20%以上。该病在土壤解冻前至出苗期间为发病盛期，6月以后基本停止。春秋季低温高湿，地势低洼、排水不良，透气性差的地块极易发生。病虫害蔓延后可造成人参成片死亡。

该病主要为害人参芽孢、根及根茎。参根被害后，初期在表面生少许白色绒状菌丝体。随后内部迅速腐败、软化，细胞全部被消解殆尽，只留下坏死的外表皮。表皮内外形成许多鼠粪状的不规则黑色菌核。该病蔓延极快，发病初期，地上部分与健株无明显区别，不易早期发现。后期地上部表现萎蔫，参根早已腐烂，极易从土中拔出。

病原为人参核盘菌（*Sclerotinia schinseng* Wang et Chen），子囊菌亚门、盘菌纲、柔膜菌目、核盘菌属真菌。菌丝白色，绒毛状。菌核黑色，不规则形，大小不一，通常（0.6~5.5）mm×（1.7~15）mm。在适宜条件下，菌核可萌发并形成

人参菌核病

子囊盘。子囊孢子单生，无色，椭圆形。有性世代在自然条件下不易产生。病原菌生长的适温为12~18℃，最适温度15℃。其野生寄主有洋乳和沙参等。

病原菌以菌核在病根上或土壤中越冬。翌年条件合适时，萌发出菌丝侵染参根。人参菌核病菌是低温菌，从土壤解冻到人参出苗为发病盛期。在东北4—5月为发病盛期，6月以后，气温、土温上升，基本停止发病。地势低洼，土壤板结，排水不良，低温、高湿及氮肥过多是人参菌核病发生和流行的有利条件。9月中、下旬，土温降到6~8℃，病虫害又有所发展。有性世代在病虫害流行、传播中不占重要地位。

**防治技术**

（1）选择排水良好，地势高燥的地块栽参　早春注意提前松土，防止土壤湿度过大，且利于提高土温。

（2）苗床消毒　移栽前用50%菌核净可湿性粉剂800倍液、1%硫酸铜溶液或1:1:100波尔多液进行床面消毒。早春苗床土化冻后用50%菌核净WP或50%腐霉利可湿性粉剂800倍液喷浇畦面，每平方米用药0.3~0.5kg，随雨水均匀渗入土中。

（3）病株处理　及时发现并拔除病株，病穴用50%菌核净可湿性粉剂800倍液、生石灰或1%~5%的石灰乳灌注消毒，或用福尔马林50~80倍液土壤消毒。

# 八、根腐病

人参根腐病主要为害幼苗根和地表以下茎部。腐烂的参根呈黑褐色湿腐状，后期糟朽状，仅存中空的根皮。被害参苗地上部早期无明显症状，中后期叶片褪绿变黄，萎蔫死亡。

人参根腐病

病原为半知菌亚门、镰孢菌属真菌。病菌菌丝纤细，无色，有隔。大型分生孢子无色，镰刀形，稍弯曲，具3~5个分隔；小型分生孢子无色，单胞，椭圆至卵圆形；菌丝和大型分生孢子上可产生淡褐色、圆形、厚壁的厚垣孢子。

病菌以菌丝体和厚垣孢子越冬，可在土壤中存活3年以上，可通过雨水、流水以及带菌堆肥传播蔓延。镰孢菌主要由伤口侵入为害。侵入后病部产生新的病菌，进行再侵染，扩大为害。人参根腐病病菌喜高温高湿，生长发育的适宜温度是29~32℃。主要发生在7—8月高温多雨季节。浸水，湿度过大，排水不良的参床易发病。常造成参根腐烂，参苗成片死亡。

**防治技术**

（1）土壤消毒　播种前、移栽时及每年早春参苗出土前，用表6中的药剂之一对水喷洒床面，使药液借雨水渗入土层。

表6　根腐病防治药剂

| 有效成分及剂型 | 用量（kg/hm$^2$） | 使用方法 | 使用次数（次） |
|---|---|---|---|
| 50%多菌灵WP | 80~100 | 泼浇 | 1~2 |
| 96%噁霉灵TC | 10 | 泼浇 | 1~2 |
| 68%精甲霜灵WG | 15 | 泼浇 | 1~2 |
| 50%福美双噁霉灵WP | 20 | 泼浇 | 1~2 |

（2）种子（苗）消毒　处理方法、用药种类及剂量见立枯病相关部分。

（3）病后防治　及时清除病株，病穴用表6菌剂灌注消毒。

# 九、锈腐病

又称"红锈病"，是人参根部主要病虫害之一，一般发病率为20%~30%，个别严重地块可达70%以上。主要为害人参根部、芽孢和茎基部。锈腐病发生普遍，从幼苗到成年生长的各个时期均有发生，早春到秋季植株枯萎菌能发生，严重降低人参的产量、质量，影响商品价值，给参业生产造成重大的经济损失。土壤湿度大，腐殖土深厚，参龄越大，发病越重。染病部位呈黄褐色小点，逐渐扩大或融合呈近圆形、椭圆形和不规则形状的锈色病斑，与健康部位界限分明。严重时病斑连片并深入组织内部，地上部表现为植株矮小，叶片不展，叶片上出现红色或黄褐色斑点，以致全部变红而枯萎死亡。

主要为害人参的根、地下茎、越冬芽。参根受害，初期在侵染点出现黄色至黄褐色小点，逐渐扩大为近圆形、椭圆形或不规则形的锈褐色病斑。病斑边缘稍隆起，中部微陷，病健部界限分明。发病轻时，表皮完好，也不侵及参根内部组织，仅在病斑表皮下几层细胞发病，严重时，不仅破坏表皮，且深入根内组织，病斑处积聚大量锈粉状物，呈干腐状，停止发展后则

**人参锈腐病**

形成愈伤的疤痕。有时病组织横向扩展绕根一周，使根的健康部分被分为上下两截。如病情继续发展并同时感染镰刀菌等，则可深入到参根的深层组织，导致软腐，使侧根甚至主根横向烂掉。一般地上部无明显症状，发病重时，地上部表现植株矮小，叶片不展，呈红褐色，最终可枯萎死亡。病原菌侵染芦头时，可向上、向下发展，导致地下茎发病倒伏死亡。如地下茎不被侵染，则地上部叶片也不会萎蔫，但生长发育迟缓，植株矮小，影响展叶，叶片自边缘开始变红色或黄色。越冬芽受害后，出现黄褐色病斑，重者往往在地下腐烂，不能出苗。

病原包括四种柱孢属真菌，即 *Cylindrocarpon destructans*、*C. panacis* matuo、*C. obtusisporum* 和 *C. panicicola*。其中 *C. destructans* 和 *C. panacis* 致病性较强，*C. obtusisporum* 和 *C. panacicola* 致病性较弱。气生菌丝繁茂，初白色，后褐色。产生大量厚垣孢子，球形，黄褐色，间生、串生或结节状。分生孢子单生或聚生，圆柱形或长柱圆形，无色透明，单胞或 1~3 个隔膜，少数可达 4~6 个，孢子正直或稍弯。锈腐病菌为弱寄生菌，虽然普遍存在于土壤中，但因其生长缓慢，不易自土壤分离，须用特殊培养基方可测定土壤含菌量，在参根病部则很易分离到病菌。病原菌生长最适温度为 22~24℃，低于 13℃或高于 28℃则生长明显减弱。锈腐病菌只侵染人参、西洋参，不侵染黄瓜、南瓜、小萝卜和胡萝卜等作物。

病原菌可在土壤中长期存活，为土壤习居菌。参根在整个生育期内均可被侵染为害。主要以菌丝体和厚垣孢子在宿根和土壤中越冬。一旦条件适宜，即可从损伤部位侵入参根，随带病的种苗、病残体、土壤、昆虫及人工操作等传播。参根内普遍带有潜伏的锈腐病菌，带菌率是随根龄的增长而提高，参龄愈大发病愈重。当参根生长衰弱，抗病力下降，土壤条件有利于发病时，潜伏的病菌就扩展、致病。土壤黏重、板结、积水、酸性土及土壤肥力不足会使参根生长不良，有利于锈腐病的发生。锈腐病菌的侵染对环境条件的要求并不严格，自早春出苗至秋季地上部植株枯萎，整个生育期均可侵染，但侵染及发病盛期是在土温15℃以上。锈腐病在吉林省的发病时期，一般于5月初开始发病，6—7月为发病盛期，8—9月病虫害停止扩展。

**防治技术**

（1）加强栽培管理　认真选择栽参地，选高燥、通气、透水性良好的森林土。栽参前要使土壤经过1年以上的熟化，精细整地做床，清除树根等杂物。实行2年制移栽，改秋栽为春栽，移栽时施入鹿粪等有机土壤添加剂，对锈腐病防治效果明显。

（2）土壤消毒　播种、移栽时或每年参苗出土前，用50%多菌灵可湿性粉剂100倍液床面消毒，使药液借雨水渗入土层。

（3）种子（苗）消毒　在播种前3~5天，用咯菌腈25g/L悬浮剂按100kg种子400mL药剂比例，用水将药剂稀释5~10倍后拌种，适当阴干后即可播种。人参种苗（包括越冬芽）用咯菌腈25g/L悬浮剂50~100倍液浸根，浸湿后立即捞出稍晾即可移栽；也可用50%多菌灵可湿性粉剂500倍液浸根10分钟，捞出晾至表面无水后移栽。

（4）发病后的防治　及时清除病株，病穴用50%多菌灵可湿性粉剂500倍液或生石灰对病穴周围的土壤灌注消毒。另外，应用"5406"菌肥，可达到防病增产效果。栽参时施入哈茨木霉制剂对锈腐病有较好防效。

# 十、地下害虫

## （一）华北蝼蛄

华北蝼蛄（*Gryllotalpa unispina* Saussure）俗名单刺蝼蛄、土狗、地狗、大蝼蛄，属直翅目，蝼蛄科。分布于我国东北、华北及西北等省（区），以黄河流域发生为害重。为害人参、牡丹、贝母、金莲花、黄连、麦冬等多种药用植物，在土中咬食刚播下的种子及已发芽的种子，也咬食嫩茎、主根和根茎，严重时将根部咬成乱麻状，使植株凋萎而死，在表土层穿行时，形成很多隧道，使幼苗和土壤分离，失水干枯而死。

### 1. 形态特征

（1）成虫　体长 36~56mm，体较粗壮肥大，体色较浅呈黄褐色，全身密被细毛。头暗褐色呈卵圆形，长稍大于宽。前胸背板特别发达，宽呈盾形，中间具一个凹陷不明显的暗红色心脏形坑斑。

前翅黄褐色，平叠于背上，不达腹部 1/3。前足特化为开掘足，后足胫节背侧内有棘 1 个或消失。腹部末端近圆筒形。

（2）卵　椭圆形，成熟卵长 2.4~3.0mm，宽 1.5~1.7mm。初产卵为黄白色，渐变为黄褐色，孵化前呈深灰色。

华北蝼蛄

（3）若虫　共 13 龄，形态与成虫相似，翅发育不完全，仅有翅芽。初孵化时体乳白色，以后颜色逐渐加深，头部变为淡黑色，前胸背板黄白色，2 龄以后体变为黄褐色，5~6 龄后体色基本与成虫相似。

### 2. 生活史及习性

华北蝼蛄需 3 年左右完成 1 代，以成虫和幼虫在田间土下 80~120cm 处越冬。越冬成虫第二年春季开始活动，6 月上中旬开始产卵，6 月中下旬卵孵化为若虫，当年秋季以 8~9 龄若虫越冬。越冬若虫翌年 4 月上中旬开始活动，当年可蜕皮 3~4 次，至 10—11 月发育到 12~13 龄越冬；第三年春季越冬高龄若虫开始活动，8—9 月蜕去最后 1 次皮变为成虫，该年即以成虫越冬；第四年春越冬成虫开始活动，6月上旬产卵，至此完成一个时代。该虫夜晚活动，具有趋光、趋化和趋粪特性。白天多潜伏于土壤深处，但气温较低天气或阴雨天的白天也能外出活动取食。该虫还喜食幼嫩食物，春秋两季，为害药用植物严重。对麦冬、地黄、贝母为害较大，前茬为蔬菜、甘薯或靠近村庄、河边、沟渠边的药材田受害较重。

**防治方法**

（1）栽培防治　药材收获后应适时耕翻，以减少虫源。避免施用未腐熟肥料。早春可依蝼蛄在地表造成虚土来挖窝灭虫，夏季可挖卵室杀死卵和雌虫。

（2）物理机械防治　可用电灯、黑光灯、堆火等诱集成虫、集中消灭。

（3）药剂防治　用种子繁殖的药材可按种子重量的 0.2% 拌入 50% 辛硫磷，或 40% 乐果乳油等药剂。每亩可用 90% 晶体敌百虫 150~200mL 或 50% 辛硫磷乳油 150~200mL，加水稀释至 30 倍，拌入煮成半熟的谷子或谷秕 3~5kg，或相同重量的炒香的豆饼、棉籽饼、麦麸、米糠等做成诱饵，于傍晚在田间施用。

## （二）东北大黑鳃金龟

东北大黑鳃金龟（*Holotrichia diomphalia* Bates）别名黑盖子虫、瞎撞，其幼虫又叫白土蚕、大头虫、蛴螬等。属鞘翅目，金龟甲科。国内分布于东北三省。为害人参、西洋参、白芍、丹皮、山药、桔梗等多种药材。成虫取食寄主叶片咬成缺刻、孔洞，严重时将叶片全部吃光，影响光合作用。幼虫期为害药用植物地下部分，常取食刚播下的种子，将细根咬断，在较粗的根或地下茎上蛀食成孔洞、疤，致使植株生长缓慢，发黄枯萎，幼苗死亡，造成大片缺苗断垄，影响药材产量和根类，地下茎类药材的质量。

### 1. 形态特征

（1）成虫　体长 16~21mm，宽 8~11mm，黑色或黑褐色，具光泽。触角 10 节，鳃片部 3 节，黄褐色或赤褐色，前胸背板两侧弧扩，最宽处在中间。鞘翅长椭圆形，每侧具 4 条明显纵肋。前足胫节具 3 外齿，爪双爪式。雄虫前臀节腹板中间具明显的三角形凹坑；雌虫前臀节腹板中间无三角坑，具 1 横向枣红色棱形隆起骨片。

（2）卵　长 2.5~2.7mm，宽 1.5~2.2mm，发育前期为长椭圆形，白色稍带绿色光泽，发育后期圆形，洁白色。

（3）幼虫　老熟幼虫体长 35~45mm，头宽 4.9~5.3mm，头部前顶毛每侧 3 根呈 1 纵列，其中 2 根紧挨于冠缝旁。肛门孔 3 裂缝状。肛腹片后部覆毛区中间无刺毛列，只有钩毛群。

（4）蛹　离蛹，体长 21~24mm，宽 11~12mm，腹部具 2 对发音器，位于腹部第 4、5 节和第 5、6 节背部中央节间处。尾节狭三角形，向上翘起，端部具 1 对呈钝角状向后岔开的尾角。雄蛹尾腹面基部中间具瘤突状外生殖器；雌蛹尾节基部中间有 1 生殖孔，其两侧各具 1 方形骨片。

**2. 生活史及习性**

东北大黑鳃金龟在东北地区 2 年发生 1 代。以幼虫或成虫在土中越冬，1 年中不同虫态错综出现、世代重叠。在东北地区越冬幼虫在 5 月中下旬前后土温升至 10℃ 以上时移到表土层为害。幼虫为害可持续到 7 月初。7 月中旬到 9 月中旬 3 龄幼虫陆续下降到 30~50cm 深处做土室化蛹，蛹期 2~3 周，羽化后一般当年不再出土而进入越冬。幼虫越冬的深度约 80~120cm。在辽宁幼虫数量有隔年较多的趋势，造成幼虫隔年为害严重的现象谓之“大小年”。如当年幼虫越冬量大，次春为害重；如成虫越冬量大，则次春为害轻。但到秋季时当年幼

东北大黑鳃金龟

虫已可发育至2龄，秋季为害也重。成虫盛发期约为5月底至6月初。成虫白天潜伏土中，傍晚出土活动、取食、交尾，黎明又回到土中。有假死习性和较强的趋光性。对黑光灯趋性更强。交尾后一般4~5天产卵，喜在有机质较多的土壤里产卵。产卵深度约在5~10cm处。卵常4~5粒或10余粒连在一起，故幼虫发生初期常见小团集聚。每雌产卵20~30粒，初孵幼虫先取食土中腐殖质，以后取食植株地下部分，3龄幼虫食量最大，各龄的初期和末期食量较少。上下垂直活动力较大。幼虫具假死性。卵期15~22天；幼虫期340~400天，蛹期约20天。

**防治方法**

（1）加强预测预报　由于蛴螬为土栖昆虫，生活为害于地下，具隐蔽性，并主要在作物苗期猖獗为害，一旦发现药材严重受害，往往已错过防治适期。为此必须加强预测预报工作。调查方法是分别按不同土质、地势、肥水条件，茬口等选择有代表性地块，采取双对角线或棋盘式定点，每公顷2~3个样点，每点查$1m^2$，掘土深度30~50cm，仔细检查土中蛴螬种类、发育期数量、入土深度等，分别记入调查表中，统计每平方厘米蛴螬头数。根据现行防治指标制订防治措施。依据虫口密度划分为3个等级，即：轻发生——1头/$m^2$以下；中等发生——1~3头/$m^2$；严重发生——3头/$m^2$以上。

（2）农业技术措施防治

①对蛴螬发生较严重地块，采取深秋或初冬翻耕土地，不仅可直接消灭一部分蛴螬，并可将大量蛴螬暴露于地表，使其被冻死、风干或被天敌啄食、寄生等，通常可压低虫量15%~30%。②合理安排茬口，前茬为豆类、花生、甘薯和玉米的地块，蛴螬常发生较重。③避免施用未腐熟的厩肥，因金龟子对其有强烈趋性，常将卵产于其内，并随之进入田中。④合理施用化肥，如碳酸氢铵、腐植酸铵、氨水等散发出氨气对蛴螬等地下害虫具一定的驱避作用。⑤合理灌溉，蛴螬发育最适宜土壤含水量为15%~20%，土壤过干或过湿均

会迫使蛴螬向土壤深层转移，持续一定时间后则使卵不能孵化，幼虫死亡，成虫的繁殖和生活力严重受阻。

（3）药剂防治

①播种或移栽前用50%辛硫磷乳油或25%对硫磷胶囊缓释剂100g加水500g混入过筛的细土20kg，拌匀，每平方米用此毒土70~80g混入土壤中。②利用毒饵：将苏子和谷秕子1.5~2kg煮半熟，晾半干，拌敌百虫或敌敌畏0.2kg做成毒饵，随种籽播下。③利用乳状菌：美国和澳大利亚等国已筛造出乳状菌改变种用于蛴螬的防治，美国的乳状菌制剂Doom和Japidemic作为商品出售，用量为每250平方英尺（相当于23.2m²）用菌粉50g（含$1×10^9$孢子/g），防效一般在60%~80%。

## （三）暗黑鳃金龟

暗黑鳃金龟（*Holotrichia parallela* Motschulsky）属鞘翅目，金龟甲科，国内分布于东北、华北、西北、华东、华中、西南等地区。对豆科药用植物为害较重，成虫喜食花生等豆科作物和林木、果树叶片，附近的药用植物寄主往往受该种类成虫和幼虫为害较重。

### 1. 形态特征

（1）成虫　体长17~22mm，宽9.0~11.5mm，窄长卵形，被黑色或黑褐色绒毛，无光泽。前胸背板最宽处在侧缘中部以后，前缘具沿并布有成列的褐色边缘长毛，前角钝，弧形，后角直，后缘无沿。小盾片呈宽弧状三角形。鞘翅伸长，两侧缘几乎平行，靠后边稍膨大，每侧4条肋不显。前足胫节具3外齿，中齿显近顶齿。爪齿于爪下方中间分出与爪呈垂直状。腹部腹板具蓝青色丝绒色泽。

（2）卵　长2.5~2.7mm，宽1.5~2.2mm，椭圆形，乳白色；后期洁白有光泽，孵化前可透见虫体。

（3）幼虫　老熟幼虫体长35~45mm，头宽5.6~6.1mm，头部前顶毛每侧1根，位于冠缝两侧。肛门孔3裂缝状，肛腹片后部覆

**暗黑鳃金龟**

毛区中间，无刺毛列，只有钩毛群，其上端有2个单排或双排的钩毛，呈"V"字形排列，中间具裸区。

（4）蛹 体长20~25mm，宽10~12mm。腹部具2对发音器，位于腹部第4、5节和第5、6节背面中央节间处。尾节三角形，二尾角呈钝角岔开。雄外生殖器明显隆起；雌可见生殖孔及其两侧骨片。

### 2. 生活史及习性

暗黑鳃金龟在辽宁每年发生1代，以老熟幼虫在30cm以下土层越冬。越冬幼虫5月中旬大量化蛹，蛹期20~25天，6月中旬进入羽化盛期。成虫出现高峰期在7月中旬至8月上旬，卵盛期在7月中旬，卵期8~10天，孵化盛期在7月中、下旬，幼虫孵化即可活动为害，幼虫为害主要在5月和8—10月两季。成虫昼伏夜出，喜食豆科；胡麻科药用植物叶片，并多在寄主叶片上交尾。成虫趋光性强，有隔日出扑灯习性。成虫产卵于土中，每雌产卵平均100粒左右。幼虫活动为害习性基本与东北大黑鳃相近。

### 防治技术

（1）做好测报工作 调查虫口密度，掌握金龟子成虫发生盛期，及时防治成虫。

（2）农业防治 秋、春翻耕，并随犁拾虫，避免施用未腐熟的厩肥，减少成虫产卵。合理灌溉，促使蛴螬向地层深处转移或直接淹杀幼虫。

（3）药剂防治 以50%辛硫磷乳油每亩200~250克，对水10倍，喷洒在25~30kg细土上均匀混拌成毒土，撒于地面，随即耕翻或混入厩肥中施用，也可结合灌水施入。还可以5%辛硫磷颗粒剂，每亩 2.5~3kg 进行土壤处理，可兼治金针虫和蝼蛄。在蛴螬发生较重地块也可用 50％辛硫磷乳油 1000 倍液或 80％ 敌百虫 WP 700~800 倍液进行灌根。

## （四）小地老虎

小地老虎（*Agrotis ypsilon* Rottemberg）幼虫别名土蚕、地蚕、黑土蚕、黑地蚕等。属鳞翅目，夜蛾科。分布于国内各省（区），以长江流域合东南沿海各省发生较重。小地老虎属多食性害虫，可为害人参、西洋参、桔梗、白芍、贝母、紫苏、薄荷等 30 余种药用植物。以幼虫为害药用植物幼苗。低龄阶段多在嫩叶、嫩头上为害，咬食呈凹斑、孔洞和缺刻，3 龄以后幼龄潜入土表、咬断根、地下茎或近地面的嫩茎，为害严重时造成缺苗断垄。

### 1. 形态特征

（1）成虫　体长 16~23mm，翅长 42~54mm。雌性触角丝状，雄性触角双栉齿状，分枝渐短仅达触角之半，端半部丝状。前翅暗褐色，前绿色较深；亚基线、内横线、外横线均为暗色中间夹白的波状双线，前端部分夹白特别明显；剑纹轮廓黑色；肾纹、环纹暗褐色，边缘黑色；肾纹外侧有 1 个尖朝外的三角形黑纵斑；亚缘线白色，齿状，内侧有 2 个尖朝内的三角形黑纵斑。3 个斑相对，后翅灰白色，翅脉及边缘黑褐色。

（2）卵　高约 0.5mm，宽约 0.6mm，半球形，表面具纵棱与横道。初产时乳白色，孵化前变灰褐色。

（3）幼虫　共 6 龄，少数 7~8 龄。老熟幼虫体长 41~50mm，幼虫头部黄褐色至暗褐色，额区在颅顶相会处形成单峰。体黄褐色至黑褐色，体表粗糙，满布龟裂状皱纹和大小不等的黑色颗粒。腹部第 1~8 节背部有 4 个毛片，后方的 2 个较前方的 2 个大 1 倍以上。臀板黄褐色，有 2 条深褐色纵带。

（4）蛹　体长 18~24mm，红褐色或暗褐色。腹部第 4~7 节基

小地老虎

部有 1 圈刻点，在背面的大而深，腹端具 1 对臀棘。

**2. 生活史及习性**

小地老虎在我国 1 年发生 1~7 代，由南向北发生代数逐渐减少，南岭以南发生 6~7 代，为国内主要虫源地，在北京地区 1 年可发生 4 个世代；在辽宁 1 年可发生 2~3 代；在黑龙江 1 年发生 2 个世代。已查明，小地老虎在中国北方地区不能越冬，其越冬北界为 1 月 0℃等温线或北纬 33° 一线（即沿淮河一线）。小地老虎各虫态都不滞育，是南北往返的迁飞性害虫。在辽宁，越冬代成虫迁入时间是 4 月中下旬；第 1 代发蛾期为 6 月中下旬；第 2 代发蛾期为 8 月上中旬；第 3 代（即南迁代）发蛾期为 9 月下旬至 10 月上旬。小地老虎成虫白天潜伏于土缝中、杂草间或其他隐蔽处，夜晚外出活动，取食，交尾。成虫具强烈的趋化性，喜欢取食带酸甜味的汁液。对黑光灯和频振灯趋性较强。成虫羽化后 3~4 天交尾，交尾后第二天可产卵。大多数卵产于田间土块下及地面缝隙内；一部分产在地面的枯草茎或根须，草秆上，少量产于田间杂草和作物幼苗叶背。卵散产或数粒产在一起，每头雌蛾通常能产卵 1 000 粒左右，多者可达 2 000 粒。1~2 龄幼虫昼夜活动，不入土，多在作物的幼苗心叶间或叶背上啃食叶肉，留下一层表皮；3 龄后白天潜伏于表土层下，夜出活动为害，可咬断嫩茎，将嫩头拖入土穴内取食；4~6 龄为暴食期，其食量占幼虫期总食量的 97%。每头幼虫有时一夜可咬断 3~5 株幼苗。

幼虫老熟后，大多迁移到田梗、田边、杂草根旁较高燥的土下 5~10cm 处筑土室化蛹。小地老虎的适宜温度为 18~26℃。春季温度的高低变化，直接影响越冬代成虫的发生期和发生量。土壤含水量的高低影响成虫产卵和幼虫的生长发育。对幼虫比较适宜的土壤含水量为 20%左右。土壤湿度过大，易引起幼虫寄生病菌的流行，但土壤湿度过小，干燥板结，也不利于幼虫活动。因此，疏松的、易于透水排水的沙壤土受害较重。杂草丛生、耕作粗放的药材田受害较重。

**防治技术**

（1）栽培防治　及时铲除药材田杂草，可杀死部分幼虫和卵。对高龄幼虫，可在每天早晨到田间，扒开被害植株的周围或畦边阳面表土，捕捉幼虫将其杀死。

（2）药剂防治

①可选用 50%辛硫磷乳油 1 000 倍液，90%晶体敌百虫 800~1 000 倍液、2.5%溴氰菊酯乳油 2 000~3 000 倍液喷雾。②每亩用 5%辛硫磷 250mL 拌湿润的细土 10~20kg，做成毒土，傍晚顺垄撒施于幼苗根际附近。③每亩用 90%晶体敌百虫 150g 或 50%辛硫磷乳油每亩 150mL，加适量水拌碾碎炒香的棉籽饼 5kg，做成毒饵，傍晚顺行撒施。还可用 90%晶体敌百虫每亩 150g 拌和铡碎的鲜草 30kg，于傍晚撒在药用植物行间或植株周围。

## （五）黄地老虎

黄地老虎（*Agrotis segetum* Schiffermüller）别名切根虫、截虫，属鳞翅目、夜蛾科。在国内分布很广，以华北、西北地区发生量较大，在东北为害人参较为严重，以幼虫为害药材幼苗，其为害状与小地老虎相似。

### 1.形态特征

（1）成虫　体长 14~19mm，翅展 31~43mm。体淡灰褐色。雌性触角丝状，雄性触角双栉状，端部 1/3 丝状。前翅黄褐色，翅面散布小黑点，各横线均为双曲线，但多不明显，肾纹、环纹、剑纹明显，周围以黑边、中央暗褐色。后翅白色、前缘略带黄褐色。

（2）卵　半球形，直径约 0.5mm，表面具纵棱与横道，有纵脊纹 16~20 条。

（3）幼虫　共 6 龄，老熟幼虫体长 33~43mm。头黄褐色，颅侧区有略呈长条形暗斑，额区（傍额片）颅顶双峰状。体淡黄褐色、多皱纹，颗粒不明显。臀板具 2 大块黄褐色斑，中央纵断，小黑点较多。

（4）蛹　体长 15~20mm。腹部第 4 节背面中央具稀小不明显得刻点，第 5~7 节背面前缘中央至侧面均有密细小刻点 9~10 排，第 5~7 节腹面亦有刻点数排。腹末端稍延长，着生 1 对中间分开的粗刺。

### 2. 生活史及习性

在东北地区 1 年发生 2 代，华北地区 3~4 代。以幼虫和少量蛹在寄主田或杂草地 10cm 以上土中越冬。越冬代蛾盛发期在 5 月上旬，卵孵化盛期在 5 月中旬。5 月下旬至 6 月上旬为幼虫为害盛期。成虫趋光性较强，但对糖醋液无明显趋性。雌蛾多产卵在土面根茬、草秆及多种杂草上。每雌产卵 400~500 粒，多的可达 1 300 粒左右。幼虫的活动为害情况与小地老虎相似。黄地老虎不耐高温，第 2 代发生时正值炎夏季节，田间发生量较少，故在华北地区，一般年份以第 1 代幼虫为害为主。它对雨水和温度的要求偏低，在干旱少雨地区为害较重。

黄地老虎

### 防治技术

参见小地老虎防治。

## （六）大地老虎

大地老虎（*Trachea tokionis* Butler）属鳞翅目、夜蛾科。国内几乎所有省（区）皆有发生。大地老虎在东北地区严重为害人参，其为害特点与小地老虎近似。

### 1. 形态特征

（1）成虫　体长 20~22mm，翅展 52~62mm，暗褐色。雌触角丝状；雄蛾触角双栉齿状，前翅褐色，前缘自基部至 2/3 处黑褐色；肾纹、环纹、剑纹明显，周缘各围以黑褐色边，肾纹外方有 1 黑色条斑；亚基线、内横线、外横线均为双条曲线，但有时不明显；外缘具 1 列黑点，内侧呈亚绿线间为暗褐色。后翅淡褐色，外缘具很宽的黑褐色边。

（2）卵　高约 1.5mm，宽约 1.8mm，半球形，略扁。初产时浅黄色，渐变褐色，孵化前变灰褐色。

（3）幼虫　共 7 龄，老熟幼虫体长 41~61mm，头部黄褐色，额区在颅顶相会处呈双峰毗连。体黄褐色，体表多皱纹。前胸盾褐色。臀板除末端两根刚毛附近为黄褐色外，几乎全部为一整块深色斑，并满布色裂状皱纹。腹部第 1~8 节背面的 4 个毛片前 2 个等于或小于后 2 个。

（4）蛹　体长 23~29mm，腹部第 3~5 节较中胸及腹部第 1~2 节明显粗。腹端具 1 对臀棘。

### 2. 生活史及习性

全国各地均 1 年发生 1 代。以低龄幼虫在田埂、草地及冬季绿肥田表土下越冬。翌年 3 月初越冬幼虫开始活动取食，5 月上旬进入暴食期，5 月从温度达 20℃以上时，老熟幼虫开始滞

大地老虎

育越夏。9—10月羽化为成虫，雌蛾交尾后第2天可产卵。卵多产于土表或幼嫩的杂草茎叶上，平均每雌产卵900~1 000粒。幼虫孵化后取食一段时间即以2~4龄幼虫越冬。大地老虎生长发育适温为15~25℃，相对湿度在70%以上，适宜于含水量较高的土壤并对低温有较强适应性。

**防治技术**

参见小地老虎防治。

# （七）沟金针虫

沟金针虫（*Pleonomus canaliculatus* Faldermann），又名沟叩头虫、土蚰蜒、钢丝虫等，属鞘翅目，叩头虫科。国内主要分布长江流域及其以北地区，直至辽宁和内蒙古自治区，西达甘肃、青海等省。

## 1. 形态特征

（1）成虫　深褐色，密生金黄色细毛，雌雄异型。雄性体长14~18mm，宽约4mm；雌性体长16~17mm，宽约5mm。触角12节，较细，约与体等长，第1节粗、棒状，略弓弯，第2节短小，第3~6节明显加长而宽扁，自第6节起，渐向端部趋狭，略长，末节顶端尖锐，足细长。雌虫体宽阔，背面拱隆，触角11节，短粗，第3~10各节基细端粗，足粗短。爪均为单齿式。

（2）卵　长约0.7mm，圆形，初产呈乳白色。

（3）幼虫　老熟幼虫体长20~30mm，金黄色。体宽而略扁平，各节宽大于长，背中央有1细纵沟。体表覆黄细毛。头扁平。尾节黄褐色，背面呈略近圆形凹陷，密布粗刻点，两侧缘隆

**沟金针虫**

起，具 3 对锯齿状突起，尾端分叉，并稍向上弯曲，各岔内侧均有 1 小点。

（4）蛹　雌蛹体长 16~22mm，宽约 4.5mm，雄蛹体长 15~19mm，宽约 3.5mm。纺锤形。前胸背板隆起呈半圆形，前缘两侧各具 1 伸向前方的尖刺。腹端两侧有 1 对刺状突起，伸向斜后方。

**2. 生活史及习性**

在我国北方一般 3 年完成 1 个世代，少数个体 4 年完成 1 个世代。第 1 年、第 2 年以幼虫越冬；第 3 年以成虫越冬。越冬深度因地区和虫态而异，一般在 20~85cm。老熟幼虫 8 月开始化蛹，9 月初羽化为成虫，并在土室中潜伏越冬。翌春越冬成虫出土活动，4 月中旬开始产卵，幼虫孵化后不久即可取食为害。成虫白天躲藏于寄主作物田间表土中或田边杂草、土块下，夜晚在地面活动交尾。在华北地区，早春 10cm 层土温 6℃以上时，幼虫和成虫开始活动。3—4 月 10cm 表土层温度 10~20℃时是其活动为害盛期。5 月上旬土温升至 19~23℃时幼虫开始向 10cm 以下土层移动。到 9 月下旬至 10 月上旬，6~10cm 表层土温 7~8℃时，幼虫又回到 10cm 左右表土层活动为害，出现第 2 次为害盛期。土壤湿润对其活动有利；多年生药用植物田园土壤长期不翻耕，有利于其生存，发生较重。新垦地或邻近荒地的药材田发生为害严重。

**防治技术**

每亩可用 50% 辛硫磷乳油或 80% 敌敌畏乳油 200~250mL，拌细土 25~30kg，顺垄条施或穴施，也可用 50% 辛硫磷乳油，每亩 200~250mL，加水 100~150kg 浇灌根部。

# （八）细胸金针虫

细胸金针虫（*Agriotes fuscicollis* Miwa）属鞘翅目叩头虫科，分布于东北、华北、华东，为害桔梗、人参等药用植物。主要取食播后发芽的种子、幼苗的根部，甚至钻入人参块根中取食，造成严重缺苗，植株地上部分枯萎死亡。

### 1. 形态特征

（1）成虫　体长8~9mm，宽约2.5mm，细长，背面扁平，被黄色细绒卧毛。头、胸部棕黑色；鞘翅、触角、足棕红色，光亮。触角细短，向后不达前胸后缘；第1节最粗长，第2节稍长于第3节，自第4节起呈锯齿状，末节圆锥形。前胸背板长稍大于宽，基部与鞘翅等宽，侧边很窄，中部之前明显向下弯曲，直抵复眼下缘。各足跗节1~4节节长渐短，爪单齿式。

（2）卵　长0.5~1.0mm，圆形，乳白色。

（3）幼虫　共11龄，老熟幼虫体长20~25mm，宽约1.5mm，细长圆筒形，淡黄色，有光泽。头扁平，口器深褐色。腹部第1~8节约等长。尾节圆锥形，尖端为红褐色小突起，背面近前缘两侧生有1个褐色圆斑，并有4条褐色纵纹。

（4）蛹　体长8~9mm，初蛹乳白色，后变黄色，羽化前复眼黑色，口器淡褐色，翅芽灰黑色，尾节末端有1对短锥状刺，向后呈钝角岔开。

### 2. 生活史及习性

**细胸金针虫**

在我国北方2年发生1代。第1年以幼虫越冬；第2年以老熟幼虫、蛹或成虫越冬。有世代多态现象，有的1年或3年、4年完成1代。在东北地区约3年完成1代。越冬幼虫3月上中旬上移到土表活动为害，4—5月是为害盛期。成虫白天潜伏于土缝、土块下或作物根茎残茬中，黄昏开始活动。成虫对新萎蔫的杂草有极强烈趋性，喜好潜伏其中，遇晴热干燥天气表现尤甚。细胸金针虫喜食禾本科、十字花科、豆科植物，因此，上述各科药用植物也易受害。

**防治技术**

（1）堆草诱杀成虫　在成虫发生季节，从田间拔出一些杂草，堆成直径 0.5m，高 10cm 的小堆，每亩 5~10 堆，每天早上捕杀草堆中成虫。若杂草变黄，及时更换新鲜杂草，以保持诱集效果。

（2）食物诱杀幼虫　春季金针虫为害初期，将少量玉米种子播于药材田 10cm 深表土层中，用树枝等作物标记。在为害盛期集中施药防治，也可将幼虫适时挖出消灭。其他防治方法可参照宽背金针虫。

## （九）网目拟地甲

网目拟地甲（*Opatrum sabartumi* Faldermann）属鞘翅目拟步行虫科，成虫又称沙潜，幼虫称伪金针虫。国内分布于东北、华北及黄淮等地。网目拟地甲食性杂，为害药用植物主要有人参、桔梗、菊花、地黄、板蓝根、白芷、甘草、黄芪等。成虫和幼虫主要为害萌发的种子或幼苗，咬食嫩茎，造成缺苗断垄；还能钻入块根和块茎内为害，造成幼苗的枯萎，甚至死亡。

### 1.形态特征

（1）成虫　体长雌性 7.2~8.6mm，雄性 6.4~8.7mm，椭圆形，较扁黑褐色，通常体背覆有泥土，故视呈土灰色。触角 11 节，棍棒状，第 1、3 节较长。前胸背板发达，密布细沙状刻点，前缘弧凹，边缘宽平。鞘翅近长方形，将腹部完全遮盖，其上有 7 条隆起纵线，每条纵线两侧有 5~8 个瘤突，视呈网络状。腹部腹板可见 5 节。

（2）卵　长 1.2~1.5mm，椭圆形，乳白色，表面光滑。

（3）幼虫　共 5 龄，老熟幼虫体长 15~18mm，深灰黄色，背面呈浓灰褐色。前足发达，后足粗大。腹末节小，纺锤形，背片基部稍突起成 1 横沟，上有褐色 1 对钩形纹；末端中央有乳头状隆起的

**网目拟地甲**

褐色部分；两侧缘及顶端各有 4 根刺毛。共 12 根。

（4）蛹　体长 7~9mm，腹部末端有 2 刺状突起。初蛹期乳白色，略带灰白，羽化前深黄褐色。

**2. 生活史及习性**

在东北、华北地区每年发生 1 代，以成虫在土中、土缝、洞穴和枯枝落叶下越冬。华北地区越冬成虫 3 月中旬解除滞育后开始活动，取食为害秋播作物幼苗，咬食幼嫩杂草，如小旋花、小蓟等，春季作物播种或移栽后，即转移为害。成虫假死性强，不能飞翔。气温低时，成虫白天取食产卵；气温高时白天潜伏，早晚活动，成虫越冬后比越冬前活动性强，取食量大。雌虫交配后 1~2 天即产卵，卵产于 1~4cm 土中。每雌产卵 9~53 粒，最多达 167 粒。幼虫多在表土 1~2cm 处活动，亦具假死性。老熟后多在土中 5~8cm 深处做土室化蛹。该虫性喜干燥，多发生在较黏重土壤中如黏土、两合土；春季干旱年份发生为害重；前茬作物为桔梗、大豆、山芋的田块虫量大，而前茬为棉花的田块虫量小。湿度和水分对其有明显影响，在 20℃下，相对湿度为 76%~98% 时，卵孵化率达 80%~100%，幼虫不耐水淹，水浸后的幼虫死亡率最低 10%，最高达 90%。

**防治技术**

（1）栽培防治　桔梗等多年生的草本药用植物寄主，春季可采用地膜覆盖，以保持土壤水分，提高土壤温度，促进早发芽，早出苗，增强耐害性。

（2）留草诱集　早春网目拟地甲成虫和幼虫有嗜食鲜嫩杂草习性，药材田适时晚除草，可诱集成虫和幼虫取食，减轻药用植物寄主幼苗受害。

（3）药剂防治 掌握在成虫越冬期前夕，春季成虫活动为害盛期和初夏幼虫为害盛期 3 个阶段施药。可用 90% 晶体敌百虫每亩 150 克或 50% 辛硫磷乳油 150mL，加适量水溶解稀释，拌入 2~2.5kg 炒香的麦麸或磨碎的饼肥，傍晚撒到田间，可兼治金针虫。

## （十）蒙古拟地甲

蒙古拟地甲（*Gomocephalum reticulatum* Motschulsky）属鞘翅目，拟步行虫科。国内分布于东北，河北、山东、山西、甘肃、青海等地。蒙古拟地甲往往与网目拟地甲混合发生。蒙古拟地甲食性极杂，能为害多种药用植物和其他作物。

### 1.形态特征

（1）成虫 体长 6~8mm，暗黑褐色，头部黑褐色，向前突出。触角棍棒状，复眼小，白色。前胸背板外缘近圆形，前缘凹进，前缘角，向前突出，上面有小点刻。鞘翅黑褐色，密布点刻和纵纹，刻点不及网目拟地甲明显；后翅褶平置于鞘翅之下，身体和鞘翅均较网目拟地甲窄。

（2）卵 椭圆形，长 0.9~1.25mm，乳白色，表面光滑。

（3）幼虫 初孵幼虫乳白色，后渐变为灰黄色。老熟幼虫体长约 12~15mm，圆筒形。腹部末节背板中央有陷下纵走暗沟 1 条，边缘有刚毛 8 根，每侧 4 根，以此可与网目拟地甲幼虫相区别。

（4）蛹 体长 5.5~7.4mm，体乳白色略带灰白色。复眼红褐色至褐色。羽化前，足前胸、腹末呈浅褐色。

蒙古拟地甲

### 2. 生活史及习性

在华北地区每年发生1代,以成虫在5~10cm土层,枯枝落叶或杂草丛中越冬。越冬始期较网目拟地甲推迟,往往11月上旬仍可见成虫在土面活动。越冬成虫2月开始活动,3—4月间成虫大量出土活动,取食为害严重。夏季高温季节则找隐蔽处活动,并多在夜晚取食。成虫爬行速度较网目拟地甲快。能飞翔,趋光性较强。4月下旬至5月上旬为产卵盛期。每雌产卵34~490粒。幼虫孵化后在表土层内取食寄主幼嫩组织。6—7月间老熟幼虫在土表下10cm土层中做土室化蛹。7月下旬至8月上中旬多数蛹羽化为成虫。成虫越夏后9月取食为害,10月下旬陆续越冬。蒙古拟地甲喜干燥、耐高温,地面潮湿、坚实则不利于其生存。春季雨水稀少,温度回升快,虫口发生量大,为害重。当年降水量少,次年发生则重。

**防治技术**

同网目拟地甲。

## (十一)大灰象甲

大灰象甲(*Sympiezomias velatus* Chevrolat)别名大灰象、日本灰象,属鞘翅目,象虫科。国内分布于辽宁、河北、山西、陕西、安徽、湖北、内蒙古自治区等地。食性很杂,严重为害北沙参、黄芪、人参、白芷、太子参、桔梗、薏苡等多种药用植物,成虫取食幼苗嫩尖、叶片,甚至拱入表土咬断子叶和生长点,使全株死亡,造成缺苗断垄。

### 1. 形态特征

(1)成虫 体长7.3~12.1mm,宽3.2~5.2mm。雄虫宽卵形;雌虫椭圆形,体黑色,密覆灰白色具黄色光泽的鳞片和褐色鳞片。鞘翅卵圆形,末端尖锐,中间有1条白色横带,横带前后,两侧散步褐色的斑,鞘翅各具10条刻列行。小盾片半圆形,中央具1条纵沟。前足胫节端部向内弯,有端齿,内缘有1列小齿。雄虫胸部窄长，鞘翅末端不缢缩，钝圆锥形，雌虫腹部膨大，胸部宽短，鞘翅末端缢缩，且较尖锐。

（2）卵　长约1mm，宽0.4mm，长椭圆形。初产时乳白色，两端半透明，经2~3天变暗，孵化前乳黄色。数十粒黏在一起，成块状。

（3）幼虫　老熟幼虫体长约14mm，乳白色，头部米黄色，

大灰象甲

上颚褐色，先端具2齿，后方具1钝齿。内唇前缘有4对齿状突起，中央有3对齿状小突起，后方的2个褐色纹均呈三角形、下颚须和下唇须均为2节。腹部的第9节末端稍扁，骨化，褐色。

（4）蛹　体长9~10mm，长椭圆形、乳黄色，复眼褐色。喙下垂达前胸，上颚较大。触角垂至前足腿节基部。头顶及腹，背疏生刺毛。尾端向腹面弯曲，其末端两侧各具1刺。

### 2.生活史及习性

在北方2年完成1代，以幼虫、成虫隔年交替越冬。在华北，成虫3月底出土，4月初开始为害北沙参、黄芪、人参、薏苡等药材幼苗，5月为发生为害盛期，嫩叶被咬成缺刻，幼苗可被食光。以成虫为害为主，在一穴幼苗上常数头或数十头聚集在一起取食。一般在上午和午后爬到植株上部取食为害，中午高温时潜伏于幼苗根际表土或土缝内。5月下旬开始产卵，成块产于叶片。6月下旬陆续孵化。幼虫期生活于土中，仅取食腐殖质和少量须根，对幼苗为害不大。随温度下降，幼虫下移，9月下旬达60~100cm土层深处，做成土室越冬，第二年4月出土为害叶片，6月入土化蛹后羽化，当年不出土，以成虫越冬。土壤湿度过大不利于成虫活动，多雨年份可抑制其为害。

**防治技术**

（1）栽培措施　早春在药材地边播种白芥子引诱成虫，以减少对药材地的为害，并可集中防治。

（2）物理防治　毒饵诱杀可于5月中旬每公顷用25kg青草或菜叶切碎后加90%晶体敌百虫（以适量温水溶开）或40%乐果乳油3kg拌匀，选无风晴天清晨撒在药材田间地面上或堆成小堆诱杀。

（3）药剂防治　成虫出土盛期，用5%辛硫磷颗粒剂每亩2~2.5kg结合浇水施入对幼虫也有效果。发生量大时，可在成虫出土期喷洒或浇灌48%毒死蜱乳油1 000倍液，每亩用药量250mL。

---

**地下害虫通用防治技术**

（1）药剂拌种　播种时用70%锐胜种子处理剂按种子重量0.2%~50%，辛硫磷BC按种子重量的0.2%~0.396%或20%丙硫克百威EC按种子重量的0.4%拌种。

（2）春季防治　结合松土施肥移栽前和春季用下列药剂防治，药剂种类及使用方法见表7。

表7　杀虫药剂

| 有效成分及剂型 | 用量（kg/hm$^2$） | 使用方法 |
| --- | --- | --- |
| 5%丙硫克百威EC | 12~18 | 沟施 |
| 200亿孢子/g白僵菌DP | 3.75~7.5 | 拌土沟施 |
| 200亿孢子/g绿僵菌DP | 30 | 拌土沟施 |

（3）害虫发生后防治　用40%辛硫磷乳油1 000~1 500倍液灌根或茎叶喷雾。

（4）毒饵诱杀　用50%辛硫磷乳油每亩50g，拌炒熟的麦麸或豆饼粉5kg，撒在苗床上。

# 十一、地上害虫

## （一）草地螟

草地螟（*Coxostege sticticalis* Linnaeus）又名黄绿条螟、甜菜网螟、网锥额野螟，属鳞翅目，螟蛾科。国内分布于黄河以北，主要为害人参、枸杞、西洋参等药用植物。幼虫为害人参时，咬断植株叶柄，并取食叶柄在茎上着生点将嫩茎食成坑洞。为害严重时，吃光叶片及茎表皮，残留纤维状的白色茎秆，使人参生产造成严重损失。

**1. 形态特征**

（1）成虫　体长 10~12mm，翅展 18~20mm。体黑褐色，有光泽，颜面突起呈圆锥形，下唇须向上翘起，触角丝状。前翅灰褐色，翅面有暗斑，外横线到外缘线间颜色稍淡。中室末端近前缘中央有 1 块长方形黄色白斑，近顶角有 1 长形小白斑，缘毛褐色。后翅灰褐色，外缘线淡黄色，外横线处为 1 淡灰色带。雌蛾后翅基部有翅缰 1 根，雄蛾 3 根。

（2）卵　椭圆形，长 0.8~1.0mm，初产时乳白色，有珍珠光泽，多排列成鱼鳞状卵块。

（3）幼虫　老熟时体长 19~21mm，灰绿色，头黑色有白斑。背线黑色，两侧有若干条纵线，气门线两侧各 1 条白色条纹。前胸背板上有 3 条横向白线。腹部每节背面各有 6 个暗色的毛瘤，呈三角形排列，毛瘤中央有刚毛 1 根。

（4）蛹　长 14mm，淡黄色，藏于袋状土茧内。土茧是由丝土黏结而成，长 40mm，宽 3~4mm。

**2. 生活史及习性**

每年发生 1~4 代，随分布地区而不同，东北及华北北部省份，

草地螟

一般每年发生 2 代,陕西发生 3~4 代。以老熟幼虫在土中结茧越冬。在东北地区,越冬代成虫 5 月下旬出现,6 月为盛期,第一代幼虫发生于 6 月上旬至 7 月上旬。第 2 代幼虫 8 月开始为害,至 8 月末 9 月初,幼虫入土化蛹越冬。成虫白天潜伏在草丛及药材田内,夜晚活动。卵多产在猪毛菜、刺蓟和灰菜等寄主植物的茎叶上,卵单产或成块产。1~3 龄幼虫吐丝结网并多群栖网内取食,剩下网状叶脉。4 龄后迁入人参等药材田内为害。有转株为害的习性。进入高龄暴食期,1~2 天内可将大面积人参叶片吃光。草地螟的发生与气候、土壤和食料等因素关系密切。越冬幼虫有高的耐寒性,可忍耐 –31℃ 的低温,但在越冬后变态发育过程中如遇低温,易被冻死。春夏期间温湿度直接影响第 1 代发生量。雌蛾孕卵期间,干旱少雨,雌蛾不能吸食到适当的水分和花蜜,产卵量少,或卵不能孵化,第 1 代虫量则少。土壤湿度对其发生也有直接影响,越冬幼虫适应较干旱土壤,如果土壤湿度从 5% 上升到 29%,幼虫死亡率则增加 1~3 倍。

**防治技术**

(1)栽培防治　结合田间管理,及时铲除田园内及周围杂草,可杀死部分卵和幼虫及减少产卵场所。结合移栽、松土等作业,除掉土中草地螟蛹。

(2)物理防治　在幼虫发生前,在参地四周挖 20~30cm 深,20cm 宽的倒漏斗形沟,发现落入幼虫将其杀死。

(3)药剂防治　在幼虫为害期,喷洒 5% 顺式氰戊菊酯乳油 1 500 倍液,50% 辛硫磷乳油 1 000 倍液,2.5% 敌杀死乳油

2 500~3 000 倍液或 2.5% 功夫乳油 2 000 倍液。

## （二）斜纹夜蛾

斜纹夜蛾（*Prodenia litura* Fabricius），又称莲纹夜蛾、莲纹夜盗蛾，属鳞翅目夜蛾科。国内分布几乎遍及各省（区）。食性很杂，能为害人参、黄芪、何首乌、酸浆、板蓝根等多种药材。幼虫取食叶片、花蕾、花及果实，将叶片吃成孔洞，缺刻，严重为害时可将全田叶片吃光。

### 1.形态特征

（1）成虫　体长 14~26mm，翅展 35~40mm，头、胸、腹均深褐色。前翅灰褐色，斑纹复杂，内横线及外横线灰白色，波浪形，中间有白色条纹，在环状纹与肾状纹间，自前缘向后缘外方有 3 条白色斜纹，故名斜纹夜蛾。后翅白色，无斑纹，前后翅常有水红色和紫红色闪光。胸部背面有白色丛毛，腹部前数节背面中央具有暗褐色丛毛。

（2）卵　扁平球形，直径 0.4~0.5mm，初产时黄白色，后转为淡绿，孵化前黑紫色。卵粒集结成 3~4 层卵块，外覆灰黄色疏松绒毛。

（3）幼虫　共 6 龄，老熟幼虫体长 35~47mm，头部黑褐色，胴部体色因寄主和虫口密度不同而分为土黄色、青黄色、灰黄色、灰褐色或暗绿色。背线、亚背线及气门下线均为灰黄色和橙黄色，从中胸至第九腹节沿亚背线上缘每节两侧各有 1 半圆形或三角形黑斑，以腹部第 1、7、8 节上黑斑最大。胸足近黑色、腹足暗褐色。

（4）蛹　长 15~20mm，赭红色，臀棘短，有 1 对强大而弯曲的刺，基部分开。

### 2.生活史与习性

在华北地区每年发生 4~5 代，长江流域 5~6 代，华南地区可终年繁殖，无越冬休眠现象。在长江流域以北地区越冬问题尚无结

斜纹夜蛾

论，推测春季虫源可能自南方迁飞而来。成虫昼伏夜出，对黑光灯有较强的趋性，并对糖、酒、醋液及发酵的胡萝卜、麦芽、豆饼及牛粪有趋性。成虫期需补充营养，取食糖蜜的平均产卵577粒，未取食者仅能产数粒卵。卵产于茂密、浓绿的植株叶背面，成块，每雌可产1 000~2 000粒。初孵幼虫群集于叶背取食，将人参等药材叶片吃成纱网状，2龄后开始分散为害，4龄后进入暴食期，为害严重，多在傍晚后出来为害，3年生以上人参受害较重，7—10月为幼虫盛发期。幼虫老熟后入土作室化蛹。斜纹夜蛾属喜温性害虫，而且较耐高温，各虫态生长发育最适温度为28~30℃，在33~40℃下均可正常生长发育。初期耐寒能力弱，在长时间0℃条件下基本不能存活。

**防治技术**

（1）栽培防治　结合田间管理，摘除卵块和有虫叶片，及时处理。

（2）物理防治　利用成虫趋光性和趋化性，在成虫盛发期可在田间设置黑光灯诱杀，或用糖、醋、酒、水溶液（配比为1:4:1:2）诱杀成虫。也可采用防治虫网，能兼治其他害虫。

（3）药剂防治　3龄以前阶段，向苗床及周围杂草喷洒药剂，种类及用量见表8。4龄后夜间活动，可在傍晚前后施药，可选用15%安打悬浮剂3 500~4 500倍液，0.5%印楝素乳油800倍液，2.5%功夫乳油3 000倍液，20%抑食肼悬浮剂500~600倍液，10%虫螨腈悬浮剂600倍液，5.7%氟氯氰菊酯乳油3 000倍或10%高效氯氰菊酯乳油1 500倍液喷雾。15时以后用药，每隔20

天用药1次，连续用药2~3次。

表 8　草地螟防治药剂

| 有效成分及剂型 | 用量（g/ 亩） | 使用方法 |
|---|---|---|
| 0.3% 苦参碱 AS | 50~70 | 喷雾 |
| 20% 氰戊菊酯 EC | 15~20 | 喷雾 |
| 25g/L 高效氯氟氰菊酯 EW | 40~60 | 喷雾 |
| 40% 噻虫嗪 WG | 10~12 | 喷雾 |

# 第七章 微生物菌剂在人参、西洋参土传病虫害防治上的应用

中国医学科学院药用植物研究所栽培中心植保室长期从事人参连作障碍及人参病虫害生物防治技术相关研究。自"七五""八五"期间就先后开展中药材病虫害相关研究工作，"九五""十五"期间又将中药材病虫害防治扩展到生物防治、植物源农药、化学农药安全使用等研究领域。"十一五"期间，研究所集合全国中药材病虫害研究力量，针对我国大宗药材生产全过程中发生普遍、为害严重、难于防治的多发性害虫、蛀茎害虫、土传病害、地上部病虫害和贮藏期病虫害，开展以生物防治为主的综合防治技术研究，构建了中药材病虫害无公害防治共性技术体系。

自 2014 年开始，中国医学科学院药用植物研究所栽培中心植保室将以往筛选出的对人参病害具有较好抑制效果的木霉、芽孢杆菌、假单胞菌、自毒物质降解菌、EM 菌等有益微生物菌株经发酵、复配，生产出可用于人参病害田间防治的复合微生物菌剂。研究所与吉林白山林村中药开发有限责任公司开展科研合作，共同探讨利用微生物菌剂防治人参、西洋参土传根病的可行性。通过近 4 年的技术攻关及田间示范，逐步建立了一套利用植物有益微生物防治人参土传病虫害的技术体系。

农田地在土壤肥力、腐殖质及有机质含量、土壤微生物结构等方面与传统林地存在较大差异。另外，农田地农药、除草剂的大量

使用，可能对人参生长、产量、品质造成较大影响。为此，需要事前对农田进行土壤检测，确保各项指标安全，并经过 2~3 年的土地休闲。试验过程中，将微生物菌剂产品在人参种子、二年生及三年生人参苗上分别进行了试用。通过连续 4 年的田间技术示范发现，使用复合微生物菌剂处理的人参种子、种苗生长健康，配合日常田间管理，基本达到预期的试验效果。目前，人参直播苗已经进入第四年的生长，健康状况良好；而第一批移栽的人参种苗已于 2016 年秋季采收，与对照组相比，在产量和品质上均有较大提升。

微生物有机肥

主要用于土壤处理，能够有效调节土壤微生态平衡，促进土壤中矿质元素转化，提高植物自身免疫力，增强植物抗（耐）病能力，提高农作物的产量和品质。

EM 菌剂

该菌剂含光合细菌、乳酸菌、酵母菌、放线菌等多种植物有益菌，是植物有益菌的复杂共同体。主要用于土壤处理，能有效改良土壤团粒结构、保持土壤微生态平衡，提高土壤酶活性，通过竞争有效生态位间接抑制土传病害发生。

人参病虫害绿色防控技术

**微生物有机肥田间施用**

人参播种或移栽前，将微生物有机肥均匀撒在苗床上，用翻耕机将其充分与苗床土混匀，避免在日光下长晒。有条件的地方可将作床和施肥同步完成。

**EM菌剂田间施用**

人参播种或移栽前，将EM菌剂对水稀释后均匀喷洒在苗床土上，用翻耕机将其充分与苗床土混匀，避免日光下暴晒。有条件情况下可将作床和施肥同步完成。

**机械混匀**

利用翻耕机将施入田间的微生物菌剂、农家肥等与栽参土壤充分混匀，最大限度发挥微生物的抑菌作用，确保稳定持久的防病效果。

**做床**

人参播种或移栽前，将充分混匀的土壤做成标准宽度的床面，为播种和移栽做准备。

**人参播种**

通过半自动人参播种机，能够实现人参高效播种。

**人参移栽**

将事先准备好的人参栽，人工移栽到事先整理好的苗床。

**对照组（1）**

二年生人参苗移栽前没用微生物有机肥、EM菌或化学杀菌剂处理苗床土，地上部正常用药。移栽3年后，人参发病率高，根部病害发生严重。

**对照组（2）**

空白对照组人参长势明显弱于菌剂处理组，地下根部主要表现为：单根重量小、根系不发达、根毛稀疏，病斑明显，烂根现象严重。

**菌剂处理组**　　　　　　　　　　**处理组人参根**

二年生人参苗移栽在前用微生物有　　　　人参根明显好于空
机肥和 EM 菌处理苗床土,地上部根据　白对照组,地下根部主
发病情况正常用药。移栽 3 年后,人参　要表现为:根体洁白、
在大田主要表现为:植株生长旺盛、整　无病斑、根形肥大、根
齐度好、茎秆粗壮、叶片厚实、发病　系发达、根毛浓密。
率低。

　　另外,还将病虫害微生物菌剂产品及配套防治技术用于西洋参
病虫害防治。数据显示,用微生物菌剂处理后的西洋参出苗整齐,
且发病率低;未使用菌剂的地块立枯病发生相对较重,出现不同程
度死苗现象。使用微生物菌剂后,西洋参种苗成活率高,发病率低,
且长势良好,而未使用微生物菌剂处理的对照西洋参苗根腐病发生
严重,存苗率显著降低。

**西洋参病虫害生物防治单项技术示范**
注：左侧为菌剂处理，右侧为对照处理

# 附　录

## 附录1　国内禁止生产、销售和使用的农药名单

六六六，滴滴涕，毒杀芬，二溴氯丙烷，杀虫脒，二溴乙烷，除草醚，艾氏剂，狄氏剂，汞制剂，砷、铅类，敌枯双，氟乙酰胺，甘氟，毒鼠强，氟乙酸钠，毒鼠硅，甲胺磷，甲基对硫磷，对硫磷，久效磷，磷胺，苯线磷，地虫硫磷，甲基硫环磷，磷化钙，磷化镁，磷化锌，硫线磷，蝇毒磷，治螟磷，特丁硫磷、氯磺隆、福美胂、福美甲胂、甲磺隆、胺苯磺隆。

### 增补名单

百草枯水剂：自2014年7月1日起，撤销百草枯水剂登记和生产许可、停止生产，保留母药生产企业水剂出口境外使用登记、允许专供出口生产，2016年7月1日停止水剂在国内销售和使用。

胺苯磺隆复配制剂、甲磺隆复配制剂：自2015年7月1日起撤销胺苯磺隆和甲磺隆原药和复配制剂产品登记证，保留甲磺隆的出口境外使用登记，企业可在2015年7月1日前，申请将现有登记变更为出口境外使用登记。自2017年7月1日起，禁止胺苯磺隆和甲磺隆复配制剂产品在国内销售和使用。

三氯杀螨醇：自2018年10月1日起，全面禁止三氯杀螨醇销售、使用。

## 附录 2　国内限制使用的农药名单（部分）

| 中文通用名 | 禁用范围 |
| --- | --- |
| 甲拌磷、甲基异柳磷、内吸磷、克百威、涕灭威、灭线磷、硫环磷、氯唑磷 | 蔬菜、果树、茶树、中草药材 |
| 水胺硫磷 | 柑橘树 |
| 灭多威 | 柑橘树、苹果树、茶树、十字花科蔬菜 |
| 硫丹 | 苹果树、茶树 |
| 溴甲烷 | 草莓、黄瓜 |
| 氧乐果 | 甘蓝、柑橘树 |
| 三氯杀螨醇、氰戊菊酯 | 茶树 |
| 杀扑磷 | 柑橘树 |
| 丁酰肼（比久） | 花生 |
| 氟虫腈 | 除卫生用、玉米等部分旱田种子包衣剂外的其他用途 |
| 溴甲烷、氯化苦 | 登记使用范围和施用方法变更为土壤熏蒸，撤销除土壤熏蒸外的其他登记 |
| 毒死蜱、三唑磷 | 自 2016 年 12 月 31 日起禁止在蔬菜上使用 |
| 2,4- 滴丁酯 | 2016 年 9 月起不再受理、批准 2,4- 滴丁酯（包括原药、母药、单剂、复配制剂，下同）的田间试验和登记申请；不再受理、批准 2,4- 滴丁酯境内使用的续展登记申请。保留原药生产企业 2,4- 滴丁酯产品的境外使用登记，原药生产企业可在续展登记时申请将现有登记变更为仅供出口境外使用登记 |

（续表）

| 中文通用名 | 禁用范围 |
|---|---|
| 氟苯虫酰胺 | 自 2018 年 10 月 1 日起，禁止氟苯虫酰胺在水稻上使用 |
| 克百威、甲拌磷、甲基异柳磷 | 自 2018 年 10 月 1 日起，禁止克百威、甲拌磷、甲基异柳磷在甘蔗上使用 |
| 磷化铝 | 应当采用内外双层包装。外包装应具有良好密闭性，防水防潮防气体外泄。自 2018 年 10 月 1 日起，禁止销售、使用其他包装的磷化铝产品 |

# 附录3　人参生产中允许使用的化学农药

| 农药名称 | 生产厂家 | 用途 |
|---|---|---|
| 苯醚甲环唑 | 利民化工股份有限公司（农药登记证号PD20101869）、先正达（苏州）作物保护有限公司（农药登记证号PD20090149） | 杀菌 |
| 丙环唑 | 浙江禾本科技有限公司（农药登记证号PD20070296） | 杀菌 |
| 赤霉酸 | 湖南亚泰生物发展有限公司（农药登记证号PD86183-2、PD86101-2）、江西绿田生化有限公司（农药登记证号PD86183-40）、江西新瑞丰生化有限公司（农药登记证号PD86183-15、PD86101-11）、山东鲁抗生物农药有限责任公司（农药登记证号PD86183-7）、上海沪江生化有限公司（农药登记证号PD86101-26）、上海同瑞生物科技有限公司（农药登记证号PD86183-35、PD86101、PD20083607）、上海悦联化工有限公司（农药登记证号PD86183、PD86101-33）、浙江钱江生物化学股份有限公司（农药登记证号PD86101-5、PD86183-5）、安阳全丰生物科技有限公司（农药登记证号PD86101-42）、高碑店市田星生物工程有限公司（农药登记证号PD86183-12）、广东蓝琛科技实业有限公司（农药登记证号PD86183-37）、江苏丰源生物工程有限公司（农药登记证号PD86183-42、PD86101-39）、江苏省农垦生物化学有限公司（农药登记证号PD86101-41）、江西绿田生化有限公司（农药登记证号PD86101-37）、山东申达作物科技有限公司（农药登记证号PD86101-38）、上海沪江生化有限公司（农药登记证号PD86183-29） | 生长调节 |
| 代森锰锌 | 利民化工股份有限公司（农药登记证号PD20040029） | 杀菌 |
| 多菌灵 | 江苏蓝丰生物化工股份有限公司（农药登记证号PD85150-8） | 杀菌 |

（续表）

| 农药名称 | 生产厂家 | 用途 |
|---|---|---|
| 多抗霉素 | 吉林省延边春雷生物药业有限公司（农药登记证号 PD85163） | 杀菌 |
| 噁霉灵 | 京博农化科技股份有限公司（农药登记证号 PD20091635） | 杀菌 |
| 咯菌腈 | 瑞士先正达作物保护有限公司（农药登记证号 PD20050196）、先正达（苏州）作物保护有限公司（农药登记证号 PD20050196-F01-11） | 杀菌 |
| 哈茨木霉 | 美国拜沃股份有限公司（农药登记证号 PD20140319） | 杀菌 |
| 枯草芽孢杆菌 | 保定市科绿丰生化科技有限公司（PD20101654） | 杀菌 |
| 嘧菌酯 | 京博农化科技股份有限公司（PD20095289）、先正达（苏州）作物保护有限公司（PD20060033F060051）、英国先正达有限公司（PD20060033） | 杀菌、杀虫 |
| 噻虫·咯·霜灵 | 瑞士先正达作物保护有限公司（农药登记证号 PD20150729）、先正达（苏州）作物保护有限公司（农药登记证号 PD20150729F150072） | 杀菌、杀虫 |
| 噻虫嗪 | 瑞士先正达作物保护有限公司（农药登记证号 PD20060002）、先正达（苏州）作物保护有限公司（农药登记证号 PD20060002F060048） | 杀虫 |
| 霜脲·锰锌 | 利民化工股份有限公司（农药登记证号 PD20081574） | 杀虫 |
| 王铜 | 江西禾益化工股份有限公司（农药登记证号 PD20110181） | 杀菌 |
| 乙霉·多菌灵 | 江苏蓝丰生物化工股份有限公司（农药登记证号 PD20100566） | 杀菌 |
| 异菌脲 | 江苏蓝丰生物化工股份有限公司（农药登记证号 PD20082563）、江西禾益化工股份有限公司（农药登记证号 PD20085445） | 杀菌 |

注：允许使用化学农药以国家最新农药安全使用规范为准

# 附录4　中华人民共和国农业农村部农药安全使用规范

## 1　范围

本标准规定了使用农药人员的安全防护和安全操作的要求。

本标准适用于农业使用农药人员。

## 2　规范性引用文件

## 3　术语和定义

### 3.1　持效期

农药施用后，能够有效控制农作物病、虫、草和其他有害生物为害所持续的时间。

### 3.2　安全使用间隔期

最后一次施药至作物收获时安全允许间隔的天数。

### 3.3　农药残留

农药使用后在农产品和环境中的农药活性成分及其在性质上和数量上有毒理学意义的代谢（或降解、转化）产物。

### 3.4　用量

单位面积上施用农药制剂的体积或质量。

### 3.5　施药液量

单位面积上喷施药液的体积。

### 3.6　低容量喷雾

每公顷施药液量在 50~200 L（大田作物）或 200~500 L（树木或灌木林）的喷雾方法。

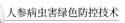

## 3.7  高容量喷雾

每公顷施药液量在 600 L 以上（大田作物）或 1000 L 以上（树木或灌木林）的喷雾方法。也称常规喷雾法。

# 4  农药选择

## 4.1  按照国家政策和有关法规规定选择

4.1.1  应按照农药产品登记的防治对象和安全使用间隔期选择农药。

4.1.2  严禁选用国家禁止生产、使用的农药；选择限用的农药应按照有关规定；不得选择剧毒、高毒农药用于人参等中药材病虫害防治。

## 4.2  根据防治对象选择

4.2.1  施药前应调查病、虫、草和其他有害生物发生情况，对不能识别和不能确定的，应查阅相关资料或咨询有关专家，明确防治对象并获得指导性防治意见后，根据防治对象选择合适的农药品种。

4.2.2  病、虫、草和其他有害生物单一发生时，应选择对防治对象专一性强的农药品种；混合发生时，应选择对防治对象有效的农药。

4.2.3  在一个防治季节应选择不同作用机理的农药品种交替使用。

## 4.3  根据农作物和生态环境安全要求选择

4.3.1  应选择对处理作物、周边作物和后茬作物安全的农药品种。

4.3.2  应选择对天敌和其他有益生物安全的农药品种。

4.3.3  应选择对生态环境安全的农药品种。

# 5  农药购买

购买农药应到具有农药经营资格的经营点，购药后应索取购药凭证或发票。所购买的农药应具有符合 NY 608 要求的标签以及符合要求的农药包装。

# 6  农药配制

## 6.1  量取

### 6.1.1  量取方法

6.1.1.1  准确核定施药面积，根据农药标签推荐的农药使用剂量或植保技术人员的推荐，计算用量和施药液量。

6.1.1.2  准确量取农药，量具专用。

### 6.1.2  安全操作

6.1.2.1  量取和称量农药应在避风处操作。

6.1.2.2  所有称量器具在使用后都要清洗，冲洗后的废液应在远离居所、水源和作物的地点妥善处理。用于量取农药的器皿不得作其他用途。

6.1.2.3  量取农药后，封闭原农药包装并将其安全贮存。农药在使用前应始终保存在其原包装中。

## 6.2  配制

### 6.2.1  场所

应选择在远离水源、居所、畜牧栏等场所。

### 6.2.2  时间

应现用现配，不宜久置；短时存放时，应密封并安排专人保管。

### 6.2.3  操作

6.2.3.1  应根据不同的施药方法和防治对象、作物种类和生长时期确定施药液量。

6.2.3.2  应选择没有杂质的清水配制农药，不应用配制农药的器具直接取水，药液不应超过额定容量。

6.2.3.3  应根据农药剂型，按照农药标签推荐的方法配制农药。

6.2.3.4  应采用"二次法"进行操作：（1）用水稀释的农药：先用少量水将农药制剂稀释成"母液"，然后再将"母液"进一步稀释至所需要的浓度。（2）用固体载体稀释的农药：应先用少量稀释载体（细土、细沙、固体肥料等）将农药制剂均匀稀释成"母粉"，再进一步稀释至所需要的用量。

6.2.3.5  配制现混现用的农药，应按照农药标签上的规定或在技术人员的指导下进行操作。

# 7  农药施用

## 7.1  施药时间

7.1.1  根据病、虫、草和其他有害生物发生程度和药剂本身性能，结合植保部门的病虫情报信息，确定是否施药和施药适期。

7.1.2  不应在高温、雨天及风力大于3级时施药。

## 7.2  施药器械

### 7.2.1  施药器械的选择

7.2.1.1  应综合考虑防治对象、防治场所、作物种类和生长情况、农药剂型、防治方法、防治规模等情况：（1）小面积喷洒农药宜选择手动喷雾器。（2）较大面积喷洒农药宜选用背负机动气力喷雾机，果园宜采用风送弥雾机。（3）大面积喷洒农药宜选用喷杆喷雾机或飞机。

7.2.1.2  应选择正规厂家生产、经国家质检部门检测合格的药械。

7.2.1.3  应根据病、虫、草和其他有害生物防治需要和施药器械类型选择合适的喷头，定期更换磨损的喷头：（1）喷洒除草剂和生长调节剂应采用扇形雾喷头或激射式喷头。（2）喷洒杀虫剂和杀菌剂宜采用空心圆锥雾喷头或扇形雾喷头。（3）禁止在喷杆上混用不同类型的喷头。

### 7.2.2  施药器械的检查与校准

7.2.2.1  施药作业前，应检查施药器械的压力部件、控制部件。喷雾器（机）截止阀应能够自如扳动，药液箱盖上的进气孔应畅通，各接口部分没有滴漏情况。

7.2.2.2  在喷雾作业开始前、喷雾机具检修后、拖拉机更换车轮后

或者安装新的喷头时，应对喷雾机具进行校准，校准因子包括行走速度、喷幅以及药液流量和压力。

### 7.2.3　施药机械的维护

7.2.3.1　施药作业结束后，应仔细清洗机具，并进行保养。存放前应对可能锈蚀的部件涂防锈黄油。

7.2.3.2　喷雾器（机）喷洒除草剂后，必须用加有清洗剂的清水彻底清洗干净（至少清洗三遍）。

7.2.3.3　保养后的施药器械应放在干燥通风的库房内，切勿靠近火源，避免露天存放或与农药、酸、碱等腐蚀性物质存放在一起。

### 7.3　施药方法

应按照农药产品标签或说明书规定，根据农药作用方式、农药剂型、作物种类和防治对象及其生物行为情况选择合适的施药方法。施药方法包括喷雾、撒颗粒、喷粉、拌种、熏蒸、涂抹、注射、灌根、毒饵等。

### 7.4　安全操作

#### 7.4.1　田间施药作业

7.4.1.1　应根据风速（力）和施药器械喷洒部件确定有效喷幅，并测定喷头流量。

7.4.1.2　应根据施药机械喷幅和风向确定田间作业行走路线。使用喷雾机具施药时，作业人员应站在上风向，顺风隔行前进或逆风退行两边喷洒，严禁逆风前行喷洒农药和在施药区穿行。

7.4.1.3　背负机动气力喷雾机宜采用降低容量喷雾方法，不应将喷头直接对着作物喷雾和沿前进方向摇摆喷洒。

7.4.1.4　使用手动喷雾器喷洒除草剂时，喷头一定要加装防护罩，对准有害杂草喷施。喷洒除草剂的药械宜专用，喷雾压力应在0.3兆帕以下。

7.4.1.5　喷杆喷雾机应具有三级过滤装置，末级过滤器的滤网孔对角线尺寸应小于喷孔直径的2/3。

7.4.1.6 施药过程中遇喷头堵塞等情况时，应立即关闭截止阀，先用清水冲洗喷头，然后戴着乳胶手套进行故障排除，用毛刷疏通喷孔，严禁用嘴吹吸喷头和滤网。

7.4.2 设施内施药作业

7.4.2.1 采用喷雾法施药时，宜采用低容量喷雾法，不宜采用高容量喷雾法。

7.4.2.2 采用烟雾法、粉尘法、电热熏蒸法等施药时，应在傍晚封闭棚室后进行，次日应通风 1 小时后人员方可进入。

7.4.2.3 采用土壤熏蒸法进行消毒处理期间，人员不得进入棚室。

7.4.2.4 热烟雾机在使用时和使用后 0.5 小时内，应避免触摸机身。

# 8 安全防护

## 8.1 人员

配制和施用农药人员应身体健康，经过专业技术培训，具备一定的植保知识。严禁儿童、老人、体弱多病者、经期、孕期、哺乳期妇女参与上述活动。

## 8.2 防护

配制和施用农药时应穿戴必要的防护用品，严禁用手直接接触农药，谨防农药进入眼睛、接触皮肤或吸入体内。应按照 GB 12475 的规定执行。

# 9 农药施用后

## 9.1 警示标志

施过农药的地块要树立警示标志，在农药的持效期内禁止放牧和采摘，施药后 24 小时内禁止进入。

## 9.2 剩余农药处理

9.2.1 未用完农药制剂 应保存在其原包装中，并密封贮存于上锁的

地方，不得用其他容器盛装，严禁用空饮料瓶分装剩余农药。

9.2.2　未喷完药液（粉）在该农药标签许可的情况下，可再将剩余药液用完。对于少量的剩余药液，应妥善处理。

## 9.3　废容器和废包装的处理

9.3.1　处理方法　玻璃瓶应冲洗 3 次，砸碎后掩埋；金属罐和金属桶应冲洗 3 次，砸扁后掩埋；塑料容器应冲洗 3 次，砸碎后掩埋或烧毁；纸包装应烧毁或掩埋。

9.3.2　安全注意事项

9.3.2.1　焚烧农药废容器和废包装应远离居所和作物，操作人员不得站在烟雾中，应阻止儿童接近。

9.3.2.2　掩埋废容器和废包装应远离水源和居所。

9.3.2.3　不能及时处理的废农药容器和废包装应妥善保管，应阻止儿童和牲畜接触。

9.3.2.4　不应用废农药容器盛装其他农药，严禁用作人、畜饮食用具。

## 9.4　清洁与卫生

9.4.1　施药器械的清洗　不应在小溪、河流或池塘等水源中冲洗或洗涮施药器械，洗涮过施药器械的水应倒在远离居民点、水源和作物的地方。

9.4.2　防护服的清洗

9.4.2.1　施药作业结束后，应立即脱下防护服及其他防护用具，装入事先准备好的塑料袋中带回处理。

9.4.2.2　带回的各种防护服、用具、手套等物品，应立即清洗 2~3遍，晾干存放。

9.4.3　施药人员的清洁　施药作业结束后，应及时用肥皂和清水清洗身体，并更换干净衣服。

## 9.5　用药档案记录

　　每次施药应记录天气状况、作物种类、用药时间、药剂品种、防治对象、用量、对水量、喷洒药液量、施用面积、防治效果、安全性。

## 10 农药中毒现场急救

### 10.1 中毒者自救

10.1.1 施药人员如果将农药溅入眼睛内或皮肤上，应及时用大量干净、清凉的水冲洗数次，并携带农药相关信息前往医院就诊。

10.1.2 施药人员如果出现头痛、头昏、恶心、呕吐等农药中毒症状，应立即停止作业，离开施药现场，脱掉污染衣服，严重者应携带农药标签前往医院就诊。

### 10.2 中毒者救治

10.2.1 发现施药人员中毒后，应将中毒者放在阴凉、通风的地方，防止受热或受凉。

10.2.2 应带上引起中毒的农药标签立即将中毒者送至最近的医院采取医疗措施救治。

10.2.3 如果中毒者出现停止呼吸现象，应立即对中毒者施以人工呼吸。